植物学名入門
―植物の名前のつけかた―

How Plants Get Their Names
Liberty Hyde Bailey

植物学名入門
── 植物の名前のつけかた ──

L.H.ベイリー［著］　編集部［訳］

八坂書房

目　　次

以下の目次項目に付した梗概は、特に園芸家や園芸愛好家を念頭に置いて、読者の便宜のために添えたものである。

1　テーブルの上の眺め ……………… 7

彩りも鮮やかな二つの鉢植え植物を観賞しながら、Pseudo-capsicum と呼ばれた一方の植物が最終的に *Solanum Pseudo-Capsicum* という学名をもつに至った経緯、Piper indicum と呼ばれたもう一方の植物が *Capsicum*、さらに *Capsicum frutescens* という学名をもつに至った経緯を語る。

2　リンネウス（リンネ） ……………… 25

スウェーデンが生んだ傑出したナチュラリストであり、動植物の命名法としての二名式学名を確立したカロルス・リンネウス（カル・フォン・リンネ）について論じ、併せてリンネウスに先行する学者たちにも言及する。

3　同　　定 ……………… 49

学名をつける前に植物を正確に同定することの重要性を、さまざまな具体例を示しながら説明し、併せて記録保存のための植物標本館の役割について言及する。

4　命名の規則 ……………… 73

命名の際に必要となるルールについての考察。このルールがあるおかげで、混乱することなく膨大な数の植物に学名をつけたり、新種を認知することができ、同時にまた、あらゆる種類の生物学的研究における研究者の自由も守られることを詳述する。

5　学名の話あれこれ　………………………………111

さまざまな栽培植物の学名にまつわる興味深い事例を示しながら、前章までの議論が具体的にどうかかわっているのか、それらの事例の結論にいたる理由や観察をまじえながら詳述する。

6　学名とその言語　………………………………136

学名に必要なラテン語の基礎知識を説明し、よく目にする属名と種の形容語の一覧表を、発音の手がかり、あるいは学名として用いられるときの一般的な意味を示しながら掲げる。附録の一覧表をくまなく利用することで、正確に学名を話したり記すことが身につき、読者はより深い喜びと満足が得られよう。

附表1　属名一覧　151
附表2　種の形容語一覧　171

あとがき
索　引

1 テーブルの上の眺め

フユサンゴ（ベスラー、1613）*

　テーブルの上に、鉢植えの植物が置いてある。橙赤色に色づいた、チェリーのような果実がたわわについて、濃いグリーンの滑らかな細い葉とみごとな対照をなしている。ニレの大木もサトウカエデもすでに葉を落とし、冬も近い11月の第1日目というこの時にあたって、実によい眺めだ。それは、丈夫で人目を引く植物であり、観賞価値がある。高さは30cmあまり、幅もほぼ同じくらいだが、100個以上もの果実が、太く短い柄で、上向き横向きにしっかりとついている。最も大きくなった成熟果は、直径2.5cmほどもあり、ほぼ球形だがわずかに末端部（尻の部分）が平べったくなっている。そして、未熟の果実の連なり。どの果実も、その球面に密着した五本の指をもったカップ（萼）にしっかりと支えられている。

　思えば今年の1月7日、暖気のたちこめる温室で、トマトの種子に似た腎臓形の種子を播いたのだ。すぐに発芽し、勢いのよい葉が現われた。着実に苗は成長した。ほどなくして、苗を径5cmの鉢に移植した。成長につれ、次は径7.5cmの鉢に移し、そして最後は鉢から出し、庭に植えた。一夏を庭で過ごさせ、秋の訪れとともに涼気が感じられるようになると、掘り起こして、径12.5cmの鉢に移し

た。この鉢のなかに立派に育っているのが、いま私が描写した植物である。

どのようにして、なぜ、この植物が、生気のない土と目に見えぬ空気を用いて、体をつくりあげたのか、そのことを知る方法を私はもち合わせていない。その生理学的なプロセスを理解することはむずかしいことではないかもしれないが、疑問の答にはならないだろう。たとえば、遺伝について学問的に述べることはできるだろうが、なぜその果実が紫色ではないのか、なぜその葉の表面が水平ではなく、樋状に巻いているのか、まだわかっていない。その種子が、トマトではなく、いま見ているこの植物に成長する方法をなぜ知っているのかも、私にはわからない。同じ土と水と環境と太陽光を利用して、この同じ鉢のなかで、トマトが成長していたかもしれないのだ。

だがしかし、そうであっても私はこの植物を認めている。成長が終わって果実が残らず落ちるまでは、それは私のものである。それは、いろいろなものと好対照をなしている。たとえば、テーブルの上の本、壁にかかっている絵、飛ぶように過ぎていく日々を確かめるカレンダーなどと。そして、執筆のためのインクや紙を忘れさせ、気分を和らげてくれるものである。この植物には、本やテーブルや便利な日用器具には見出せない神秘が存在する。いわば別世界のものと言ってもよく、かりに見慣れたものでなければ、驚かずにはいられないほどの属性をもつものだろう。本ならばここに今年も来年も変わることなく存在する。多少なりと製本の緩みが出て、重力により頁が抜け落ちることはあるが。しかし、この植物に今日水をやり忘れれば、明日はしおれて見る影もなくなろう。それを凍らせてしまうわけにもいかない。外見のたくましさとは裏腹に、もろいものであり、世話が必要で、私はそれを欠かすわけにはいかない。ま

1 テーブルの上の眺め

テーブルの上のフユサンゴの鉢植え

さに、私はその植物の存続に必要な協力者であり、したがって静かな満足を感じるのである。

　この植物は、これまで規則正しい扱いを受けてきたのだが、自然な成長ぶりを示し、水平方向の不定形な分枝パターンを見せた。これは、絵や写真などで見るような直立して円錐形に成長したものとはまるで違う。このような定まった形のものは、刈り込みや摘心、あるいはそのほかの操作によるものであろう。実際、自然に左右対称形になるような小形でコンパクトな成長を示すものもあるが、私の植物は、それらのどれでもない。

　この植物は木本である。もし、これを冷室で低木として育てようとすれば、おそらく高さ1m前後になり、毎年果実をつけることだろう。だが、小さく仕立てたこのような鉢植えのほうが、鈴なりの果実が際立って見える。

ところで、その種子の包みには「Jerusalem cherry」（エルサレムのチェリー）［和名フユサンゴ］という名前が書いてあった。その果実を見れば、「cherry」とあるのは納得がいくが、なぜ「Jerusalem」と冠されるのかがわからない。名前のこの部分は、そう古くにつけられたものではないようだ。「Jerusalem cherry」という名前を文献で見るようになったのは、ここ50年ほどのことである。この植物はエルサレム原産ではなく、G. E. ポストが著わした『シリア、パレスティナ、シナイ半島の植物』［1896年］に記載はない。だれかが種子や植物体を、かの地のとある庭からもち出して、そのことから、そんな名前がついたのだろうか。エルサレムで摘まれたものはなんでも、同様の呼称を冠されるようである。

　「Jerusalem」という呼称は、ほかの植物名にも見られるが、とりたてて意味はない。「Jerusalem cowslip」（エルサレムのサクラソウ）というのはプルモナリアのことで、栽培下のものを除いてその地域には存在しない。「Jerusalem oak」（エルサレムのオーク）はピグウィード［アマランサス類］で、これは多少なりとオークに似た葉をもつ草本であり、アフリカ、ヨーロッパやアジアに自生している。「Jerusalem sage」（エルサレムのセージ）はフロミスであり、南ヨーロッパのものだ。2種の木本が「Jerusalem thorn」（エルサレムの茨）と呼ばれており、一つは南ヨーロッパから中国にかけて原産するもので、もう一つはおそらく熱帯アメリカのものである。

　「Jerusalem corn」（エルサレムのトウキビ）は、ナイル川流域で見られるモロコシの1型である。「Jerusalem artichoke」（エルサレムのアーティチョーク）［和名キクイモ］は、北アメリカ原産の植物である。「Jerusalem artichoke」の「Jerusalem」は、イタリア語［ヒマワリを意味する girasole—キクイモはヒマワリ属の1種—］

からの転訛だと思われる。「Jerusalem oak」について、植物名に詳しかった R. C. A. プライアー博士［イギリスの植物学者、1809-1902］は、「Jerusalem というのは、ほかの場合も同じだと思うが、遠い異国の地を漠然と意味する形容語であろう」と述べている。

地理的名称は、遠方のさまざまな地域に産する植物につけられることが多い。園芸植物の「African marigold」［マリゴールドの1種］はメキシコからきたものだし、「Portugal cypress」［Portuguese cypress とも。イトスギの1種］もメキシコ原産植物である。「Cherokee rose」［和名ナニワイバラ］は、わが国の南部に広く帰化しているが、中国原産植物だ。「Arabian jasmine」［和名マツリカ］も「Spanish jasmine」［和名ソケイ］も、インド原産である。

「Spanish cedar」といっても、原産地は西インド諸島で、一般に「cedar」と呼ばれる針葉樹ヒマラヤスギの仲間ではない［センダン科チャンチン属の1種である］。「Peruvian squill」［学名 *Scilla peruviana*］は地中海沿岸地域に原産する。「California pepper-tree」［和名コショウボク］といっても、「California privet」［和名オオバイボタ］といっても、ともにカリフォルニアの植物ではない。「Bethlehem sage」［学名 *Pulmonaria saccharata*］はイスラエルの植物ではない。「Virginian stock」［学名 *Malcolmia maritima*］はヴァージニアの植物ではない。「English walnut」［和名ペルシアグルミまたはセイヨウグルミ］はイギリス原産ではない。「Himalaya-berry」［学名 *Rubus procerus*］はヒマラヤにはない。「French mulberry」［学名 *Callicarpa americana*］はフランスの植物ではないし、マルベリー（クワ属）の仲間でもない［ムラサキシキブ属の1種である］。

以上のような例は、いわゆる英名とか普通名（コモンネーム）というもののかなりが、不適当であることの証である。例示したよう

に多くの名前は、誤りの意味を含んでいて、誤解のもとになる。名前のなかには、二重の意味をもつものがあり、場所によって異なる植物を指す場合が多い。言い過ぎではないと思うが、いまや、普通名を整理するときが来ているのではないか。少なくとも、種苗カタログや書籍から不適当な名前を削除してもよいと思う。英名をつけることはできるが、普通名を「つくる」ことはできない。人々に認められるまでは、その名前が普及しているとは言えないからである。大半の植物は、その意味で、真の普通名をもっているとは言えない。

さて、冒頭に紹介した私の鉢植え植物は、一般的な意味で納得のいくよい英名をもっているとは言えない。花卉取扱い業者は、しばしば植物名を短く省略し、この植物を単に「cherries」などと呼ぶ。この植物の古い英名のなかには「winter cherry」というものがある。果実がチェリーに似ていることと、冬に観賞できるからである。これは300年も前に、かのジョン・パーキンソンが記したことなのだが、パーキンソンの本にはこの名前は、ホオズキ類を指すものとしても登場している。ただし、植物と名前との関連性はさらに薄いと言えるだろう。私の鉢植え植物は「cherry shrub」（チェリーをつける木）とも呼ばれたことがあった。外国でもさまざまな名前で呼ばれてきたが、その観賞価値の高さや、長持ちする性質を表わすものだった。

おもしろいその古名のなかに「Amomum Plinii」というのがある。文字通りの意味は「大プリニウスのアモムム」で、大プリニウスは紀元後79年にヴェスヴィオ火山の噴火で死んだ人物である。アモムムというのは、不明の香料植物のラテン（ギリシア）名である。彼は、自著の『博物誌』のなかでそのような木について記しているが、初期近世の作家が想像したのとは違い、それが「winter cherry」でないことは明らかである。ディオスコリデスやテオフラストスも、

この植物を知らなかったし、記録してもいなかった。

　もう一度、種子の入っていた包みに戻るが、「Jerusalem cherry」のほかにも名前が記されてある。それは「*Solanum PseudoCapsicum*」。これは手強そうな響きをもつ名前である。だが、そのように記される理由をそなえた名前であり、だから、理解するのはむずかしくはない。「*Solanum*」（ナス属）という語の何たるかを知れば、その植物がどんな植物グループの一員なのかがわかってくるのだ。つまり、この植物はナス科ナス属の植物すべてとかかわりがある、ということである。たとえば、有毒植物のビタースウィート、ナス、ジャガイモなどだ。この植物の果実は、ジャガイモの果実——「ball」と呼ばれる——にそっくりである。

　「*PseudoCapsicum*」という語が意味するのは、いうまでもなく「偽の *Capsicum*」である。「*Capsicum*」とはトウガラシのことで、やはりナス科に属し、ナス属にたいへん近い仲間の植物である。「*PseudoCapsicum*」という語が生まれてきたのには長い歴史があり、また、興味深いものがある。もちろん、このことにまつわる記録はやや専門的になる。しかし、もし読者が、新旧のおもしろい植物命名法の理解に関心を示されるならば、その記録の一部なりともたどることは、有益でありこそすれ無駄ではなかろう。

　テーブルの上には、ペパーとも呼ばれるトウガラシの鉢植えも置いてある。これも楽しい植物で、先に紹介したフユサンゴ（winter cherry）よりさらに明るく生き生きとした色彩を見せている。これもフユサンゴと同様に育ててきたもので、いまや直径12.5cmの鉢に収まり、高さ20cm余り、幅45cmほどに成長し、枝先はやや垂れ下がっている。長さ2.5cmほどの長円錐形の果実がたくさんなっており、どれも明緑色の幅広い葉の上に抜き出して直立している。果実

ははじめは緑白色だが、黄白色に変わり、最後は光沢のある真紅になる。それぞれ成熟の度合いが違うために、これら各色の果実が交じり合って、みごとなコントラストをつくり出している。蕾や小さな白い花も見られるが、それらは小枝の先端についている。フユサンゴとともに、冬の窓辺を飾る植物であり、しかも互いに近い仲間の植物で、名前の点でも密接な関連をもっている。

この新世界のトウガラシは、コショウとして利用する、同じくペパーと呼ばれる熱帯アジアの植物とはまったく別物であるが、早くにヨーロッパに紹介されている。1493年に、ピーター・マーターは、コロンブスが「カフカスからもたらされるものよりもずっと刺激の強いペパー」を持ち帰った、と書いている。やがて、このトウガラシは一つの分類群として「*Capsicum*」という名前をつけられた。名前の由来は、おそらくラテン語で「箱」という意味の「capsa」で、やわらかな果実を容器に見立てたのであろう。だが、バシル・ベスラーは1613年に、ニュールンベルクで出版されたと思われる栄えある園芸書『アイシュテット庭園』のなかで、「Piper」という名前で記している。学名がだんだん確立されるようになると、「*Capsicum*」という名前が採用され、そして、フランスの傑出した植物学者ジョゼフ・ピトン・ドゥ・トゥルヌフォールの代表的著作『植物学原論』（1700）のなかで、その名前がトウガラシに用いられた。これを踏襲したのがリンネウスで、いまやトウガラシのグループを意味する学名として認められるようになった。

トウガラシを育てるのは楽しいものである。たちどころにあの光沢ある、しかも長持ちする中空の果実が、色も形もさまざまに現われ出る。菜園や畑の作物としても重要で、果実が大きく膨らむ種類は詰め物料理に、それより小さく辛味のより強い種類はピクルスや調味料に利用される。最近はトウガラシのある種類を鉢植えにして

1 テーブルの上の眺め

テーブルの上の観賞用トウガラシの鉢植え

観賞するようになった。そして、真っ直ぐに立つたいへん光沢のある果実をつける系統を作出してきた。私たちの器用さには驚くばかりである。しかし、私はまだ、3世紀以上も前に、ベスラーの著作に「Piper Indicum minimum erectum」という名前で図示されたそのものに出会ったことはない。ちなみにこれは、トウガラシがインド起源であるかのように思わせる名前だ。しかし、その変遷の歴史はとっくに失われている。もっと適切には、真実の歴史はわかりえない、と言ったほうがよい。その当時にあって、地理上の知識は厳密なものでなかった。「Piper Indicum minimum erectum」、すなわち、「小形で直立性のインドのペパー」はベスラーの時代に明らかに高く評価されていた、と言うときには、そのような昔に評価されていた、と現時点からみなすことであり、私たちの判断の問題なのである。そして、トウガラシはベスラーと同時代の信頼できる作家たちにも知られていた。

ヨーロッパの庭には、トウガラシとは別の、しかしよく似た植物も入ってきていた。この植物を、本来のトウガラシ（Capsicum）と区別するために、偽のトウガラシ（Pseudocapsicum）と呼んだ。つまり、それは私の目の前にあるフユサンゴ（Jerusalem cherry または winter cherry）なのである。ごく初期に図入りで紹介されたフユサンゴの記述は、オランダの植物学者レンベルト・ドドインス（ドドネウス）による大著『分類植物誌』に見られる。この著作はアントワープで出版されたもので、その改訂1616年版は、リンネウスも引用している。ドドインスはフユサンゴの形状を記し、栽培方法、名前の由来、その当時わかりえた薬効に言及している。彼の記事を次に再現してみよう。ただし、ラテン語から意訳したものだ。

　　Pseudocapsicum は、トウガラシに比べると背が高く、低木状になる。茎はときに2キュービット［約1m］になり、木質で、多く枝を分ける。葉は長楕円形で、幅は広くなく、滑らかで、ナスの葉より長く幅は狭い。花は白い。果実はまるく、赤いが、トウガラシの果実の赤色よりは薄い。種子は平べったく、ほとんど味はない。

　　異国の植物で、ベルギー人は鉢で栽培する。トウガラシよりも長持ちし、冬に寒さから守ってやれば何年も枯れずに生きるだろう。

　　Pseudocapsicum という名前は、トウガラシ（Capsicum）に似ていることからつけられた。この植物を Solanum rubrum あるいは Solanum lignosum と呼ぶ人たちもいるが、Solanum の種類ではない。スペイン人はこれを「*Guindas de las Indas*」と呼んでいる。

1 テーブルの上の眺め

　さらに、これはトウガラシとは性質が異なる。実際問題として、体を温めるのではなく、冷やすものである。そのほかにどんな薬効があるかについては、まだ明らかになっていない。

　バシル・ベスラーは（実際に、扉に記されているように大著『アイシュテット庭園』を著わしたのがベスラーその人であるならば）、フユサンゴを「Strichnodendron」（ナスの１種の木、の意）と記し、要を得た記載と図を添えている。ただし、掲載された図は大き過ぎて、本書に収録することはできない。というのは、ベスラーの図は、実物大だからである（したがって、300年以上も前の園芸植物について、その改良の度合いを推し量ることができる）。ヨハン・ボーアンは1650-51年の著作で、フユサンゴを「Strichnodendros」と記した。その掲載図を20頁に掲げたが、スイスのイヴェルドゥンで出版された『植物誌』に載ったものを原寸で再現してある。リンネウス（リンネ）は、この植物をナス属（*Solanum*）のものとみなした。そして、ナス属に分類しながら、この植物種自体にどんな名前を用いるかは、リンネウス次第であった。リンネウスはドドインスが用いた名前を選んだ。その結果、フユサンゴの学名は *Solanum PseudoCapsicum* となった。現在、その学名は世界中の植物学者に認められている。リンネウスは、学名のなかの「*Capsicum*」の頭文字を大文字で書くことにより、種の形容語が二つの意味からなっていることを示したかったようだ。

　読者が、興味をもたれればの話だが、リンネウスの時代にあっても、植物の名前や記録がいかに注意深くつくられたのかを知るために、ここで「*Solanum PseudoCapsicum*」についてのリンネウスの記載（別掲）を見てみよう。1753年出版の『植物の種』からそのまま引用したものである。

718 R. DODONAEI STIRP. HIST. PEMPT. V. LIB. IV.

De Pseudocapsico. CAP. XXVII.

Pseudocapsicum.

PSEVDOCAPSICVM altius ac fruticosius est quam Capsicum: caules eius quandoque bicubitales, lignosi, ramosi: folia oblonga, latiuscula, læuia, longiora angustioráque quàm hortensis Solani: flores candidi: fructus rotundus, rubens, dilutiùs tamen quàm Capsici: semen in hoc planum, nullius aut exigui gustus.

Peregrina etiam stirps, quæ & in fictilibus à Belgis alitur. Diuturnioris autem quàm Capsicum vitæ est, & pluribus annis superesse potest, si hibernis mensibus à frigore caueatur

A Capsici similitudine Pseudocapsicum nomen inuenit: sunt qui Solanum rubrum, aut Solanum lignosum esse velint: sed Solani non est species. Hispani *Guindas de las Indas* appellant.

Temperie autem Pseudocapsicum cum Capsico non conuenit: non excalfaciens siquidém est, sed refrigerans Quæ autem præterea eius sint facultates, nondum exploratum

ドドインス（1616）のフユサンゴを掲載した頁

1 テーブルの上の眺め

PseudoCap- 3. SOLANUM caule inermi fruticoso, foliis lanceola-
sicum. tis repandis, umbellis sessilibus.
 Solanum caule inermi fruticoso, foliis ovato- lanceola-
  tis integris, floribus solitariis. *Hort. cliff.* 61. *Hort.*
  ups. 48. *Roy. lugdb.* 424.
 Solanum fruticosum bacciferum. *Bauh. pin.* 61.
 Pseudocapsicum. *Dod. pempt.* 718.
 Habitat in Madera. ♄

リンネウス(『植物の種』、1753)の *Solanum PseudoCapsicum* の記載

　これを見てわかるように、「*Solanum*」の第3番目に記された種は、2段落のラテン語記載からなっている。「*PseudoCapsicum*」という種を表わす語は、欄外に置かれている。ラテン語が意味するのは、リンネウスが、そのナス属の種を、刺のない木質の茎と、縁が波打った披針形の葉をもち、葉腋に散形状に花をつける植物だとみなしていることである。

　その次に、関連文献への言及がある。「*Hort. cliff.*」とは、『Hortus Cliffortianus』(クリフォルト庭園)のことで、リンネウスが1737年に出版した四つ折り判の著作である。この著作には、オランダのジョージ・クリフォードの庭園に栽培されていた植物が記載・紹介されている。「*Hort. ups.*」とは、やはりリンネウスが1748年に出版した『Hortus Upsaliensis』(ウプサラの栽培植物誌)のことで、ウプサラにあった自らの庭園に栽培していた植物の目録である。「*Roy. lugdb.*」はローイィェン(Royen)が著わした『Florae Leydensis』(レイデン植物誌)のことで、オランダのレイデンで見られた植物を紹介したものである。これらの三つの著作には、このナス属の植物が、引用のままのラテン語で記載されているのである。[リンネウスの『植物の種』の冒頭にローイィェンのこの著作が引用文献としてあがっている。ちなみにレイデンは、ラテン語で Lugdunum Batavorum と書かれる。]

次の行では、この植物は「Solanum fruticosum bacciferum」（低木状で果実をつけるナス属の種）という名前で「*Bauh. pin.*」という文献に記載があることを示している。この文献はカスパル・ボーアンの著作で、1671年にバーゼルで出版された『Pinax』（植物集覧）［第2版。初版は1623年］のことである。「*Dod. pempt.*」は、すでに述べたようにドドインス（ドドネウス）の『Pemptades』（分類植物誌）のことで、この植物が「Pseudocapsicum」の名前で記載されていることを示している。

　言及されている文献の『クリフォルト庭園』を参照すれば、リン

ボーアン（1650-51）のフユサンゴ（*Strychnodendros*）の枝

ネウスがさらにほかの文献を引用していることがわかる。だが、それらの文献のなかで、たぶん「*Caesalp. syst.*」を除いて全部を検証する必要はない。これは、トスカナのアンドレア・チェサルピーノが1583年に出版した『植物について』という著作である。カエサルピヌス（チェサルピーノのラテン語化）は、先見をそなえた人物だった。すなわち、植物を、果実や種子の構造にもとづいて分類することを提唱したはじめての人だったと言ってよい。彼はまた、化石というものが有機物に由来するものだということを認め、心臓が血液を動脈に送り出していることを、ハーヴィー［1578-1657。血液循環の発見者］に先立って認めていた。『植物について』の215頁には、リンネウスが引用したように、「Solanum arborescens nuper inter peregrinas allata est」という導入部ではじまる項目があり、植物の特徴が続けて書き連ねてある。この導入部は、木本状のSolanum の 1 種が最近紹介されて既知の種の仲間入りをした、という意味である。リンネウスは、「*Solanum PseudoCapsicum*」と自ら命名した植物とそれとが同じものである、とみなしているわけなのだ。

　先に掲げた『植物の種』の記述では、最後にこの植物の生育地が「Madera」（マデイラ諸島）であるとしている。生育地に続いて奇妙な記号が記されているが、これは高木または低木であることを意味する略号である。この植物はマデイラ諸島にも見られる。しかし、そこの原産植物ではないと言われている。私たちもまだその起源地について確かなことを知らない。ブラジルやインドをはじめとするほかの地域だとみなす意見がある。非常に長いこと栽培されてきたために、畑地や原野に生えているその植物が、自生したものなのか逸出したものなのか、判断するのがむずかしい。当面の目的は、その原産地を確定する作業にあるわけではないので、『インデクス・

キューエンシス』(世界の種子植物の学名をリストアップし続けている膨大な著作)の「amphigean」(いたるところに生える)という記述に従っておくのもゆえなしとはしない。

　ここまで私たちは「*Solanum PseudoCapsicum*」という名前がどのようにしてつけられたのかをたどってきた。だが、私の前に、もう一つの種子の包みがあり、それには「Jerusalem cherry」という名前と「*Solanum Capsicastrum*」という名前が記されてある。この種子を播けば、まず間違いなく、フユサンゴの種子から育てた植物に似た植物を得られるだろう。しかし、ここで私たちは、いったんこの問題から離れることにする。そして、後述の議論(88頁)の折りに、ふたたびこの問題に立ち返りたいと思う。

　さて、もう一度、いまもテーブルの上にある、無頓着なトウガラシの鉢植えに話を戻そう。私たちはこの植物をベスラーの「Capsicum Indicum」[Piper Indicum の誤記であろう]だとしておいた。リンネウスは『植物の種』のなかで「*Capsicum*」という属を認めて、2種を記載した。「*Capsicum annuum*」(1年生のトウガラシ属)と「*Capsicum frutescens*」(低木状のトウガラシ属)である。前者をリンネウスは熱帯アメリカ原産とし、後者をインド原産とした。この2種は同じ著書のなかでいっしょに発表されている。だが、*Capsicum annuum* のほうが記載の順番としては先である。したがって、命名上の疑問がある場合には、この名前は命名規約に従い、他方に対して優先権がある[2種が同じものであれば、前者の学名を正名にしなければならない]。北方の庭で栽培する種類を、低木状の種類とは異なるものだと考えて、*Capsicum annuum* と呼ぶのはよくあることである。低木状の種類は、熱帯の野生品の場合、かなり異なるもののように見える。一度、私の背丈よりも高い低木状の種

類の、堅く緻密な材から丈夫な杖を切り出したことがある。それでも、草本性、木本性のどちらも、同じ種だということを確信している。長年の栽培経験からもそう言えるのだ。この件で、私は何年か前に文章を書いたことがあり、次の一節はそれからの引用である。ここでは、栽培家を悩ませるこの種がもつ複数の名前のうち、どれを選ぶかについて前述とは異なる考えも述べてある。

「私は、トウガラシの栽培種はどれも同じ1種に由来するものだと確信している。この種は低木性のものであり、草本性、いわゆる1年生の種類は、短い生育期間で成長し、霜でやられてしまう前に木本状になりえなかったものである。熱帯地域で低木状になったトウガラシでは、ほっそりとした指状の果実や球状の果実をつける種類だけでなく、ベル型の膨らんだ果実をつける種類も見られる。そして、北方で栽培されている種類も、熱帯で栽培すれば低木に育つ。葉形の変異も同種とみなせる範囲にある。そこで私は、この多様な種の最も基本的な特質を考慮して、本種を *Capsicum annuum* ではなく *Capsicum frutescens* という名前のもとに扱うことを提案する。そうした場合には、リンネウスの『植物の種』に記載されていた二つの学名のうち、優先権のあるはじめの学名ではなく、2番目の学名を私は取ることになる。だが、この例のように学名命名の優先権が問題にならないときは、同文献の同頁にたまたま先に記されていたというだけの理由で、生物学上の事実をあいまいにするようなことはできないと思う。」

テーブルの上には二つの植物が置かれている。一つは私の左手のほうにあり、もう一つは右手のほうにある。窓ガラスの向こうは、晩秋の霜から発する冷気がたちこめている。夏を謳歌した植物はもう見る影もない。鮮やかなライラック色のイヌサフランもすでにない。戸口のわきに植えてある真紅のハブランサスも、すでにその1

年の周期を終えてしまっている。ペチュニアは枯れかけているが、それでもしぼんだ花が見てとれる。サラシナショウマの群生株が霜との闘いを試みており、私がずいぶん前に中国の奥地で見つけて持ち帰ってきたキクが、淡黄色の小さな頭花をつけて、まだ花壇の縁を明るく彩っている。昆虫は冬ごもりに入ったか寿命を終えたかしている。夏鳥はすでに渡りを終えている。スズメは軒先でさえずることだろう。ムクドリの小さな群れがペカンの木の先端に集まって来ることだろう。まもなく、茂みの小枝は雪でおおわれることになる。が、しかし、私の鉢植え植物は、室内に差し込む日の光のなかで、元気に輝いている。何世紀も前に、だれかが、どこからか、その種子をもたらしたのである。そして、波乱に富んだ世代を重ねてきたことで、その植物たちはそれぞれの形を保っている。すなわち、一つはいまやトウガラシ属の種であり、一つはいまやナス属の種である。つまり、それぞれの植物は、時の膨大な積み重ねのなかで発達してきた、固有の特徴をもっているのだ。

　私にとって、植物こそは広い世界を象徴するものである。植物はまた、何百年も前に注意深い観察者がいたことを思い出させてくれるものでもある。彼らは、いわゆる普通の生活言語では、植物の知識を伝える手段として適当ではないと考え、格調高いラテン語を用いてすぐれた記録を残してきた。ここに数世紀の時空を超えて、過去と現代は結ばれている。

2 リンネウス（リンネ）

リンネソウ（ルードベック、1720-24）＊

　植物の名前のことを探究しようとするならば、リンネウスのことを知らなくては話になるまい。

　カルル・リンネウスは、1707年、南スウェーデンで生まれた。父親はニルス・インゲマルソンといい、ラテン語の姓を名乗ったのは、学者、究極的には聖職者になるために、学業の道に進み大学に入ったときで、とある有名な菩提樹、すなわちシナノキ属の樹木にちなんでつけたものだった。このように、ラテン語の名前を採用したり、もとの姓をラテン語化したりするのは、その当時の人々の習慣であった。リンネウスのいとこたちの家は、同じ樹木にちなんで、ティリアンデルとつけたが、もとになったティリアとは、菩提樹のラテン名である。また、一族の別の家では、リンデリウスという姓をつけた。記録によると、その特別の菩提樹は、「近隣の人々に聖木と崇められ、その壮大な神々しいばかりの樹木から一枝たりとも持ち去れば、その者には必ず悪運がつくと信じられていた」。自然に落下した枝でも動かすのはよくないというので、その樹木の根元にはそんな枝が山をなしていた。ただし、その樹木は1823年にはもう枯れていた。

スウェーデンの人々は、リンネウスという名前をリンネと表現した。ただし、そのアクセントは、ラテン語姓の基本的な発音を残してはいる。そのことについてリンネウスは、「リンネウスだろうがリンネだろうが、私には同じことだ。片方はラテン語で、もう片方はスウェーデン語だというだけのことである」と書いている。彼のすぐれたラテン語著作は、当然のことリンネウスという名前のもとに書かれている。したがって、彼の名前は多くのナチュラリストたちのよく知るところとなった。後年、貴族に叙せられて、カルル・フォン・リンネとなった。私たちは、彼がカロルス・リンネウス・スモーランデルと自署することを知っている。彼の故郷はスモーランド地方であり、カロルスとはカルル（英語ではチャールズ）のラテン語形である。彼はまた、カルル・リンネウス、カルル・リンネ、カルル・V・リンネとも署名している。ともあれ、これだけでも、この驚くべき人物の名前がどのように表記されているかを説明する代わりにはなるだろう。

　私たちがリンネウスに興味を抱くのは、彼がナチュラル・ヒストリーに深くかかわっているからである。そのかかわりを十分に理解するためには、その当時の自然科学が置かれた状況や、人々の社会的意見について何がしかを知る必要がある。とはいえ、それはそう簡単なことではない。ただ、その時代の植物学は独立した科学ではなかった、とは言えるだろう。薬学の一部でしかなかったのだ。そして、世論も、純粋な知識の追究に寛容ではなかった。

　したがって、若きリンネウスは、ずいぶん苦労して、援助らしい援助も受けずに、道を切り開いたことになる。しかし、かいあって、彼は、植物界、動物界、鉱物界という自然の三界に精通した大権威者となった。行動的な野外研究者であり、熟練した金属の分析家でもあった。彼が当初選んだ道は医学だった。聖職者に向くとは考え

2 リンネウス(リンネ)

カルル・リンネウス

ていなかったようである。しかし、結局は、ウプサラの大学で教授職についた。そして、内外の各地から多くの学生がリンネウスを慕って集まってきた。学生たちはリンネウスの薫陶を受け、植物や動物、あるいは鉱物の採集のため、遙かな地へと赴いていった。南アフリカの喜望峰や日本に旅したツュンベルクしかり、北アメリカに行ったカルムしかり、スペインと南アメリカを探検したレーフリンクしかり、エジプトとアラビア半島を探査したフォルスカルしかり。リンネウスの知識は多岐にわたり、したがって、その情熱はとどまるところがなく、学生たちが奮い立つのも当然だった。

　リンネウスは主として植物学に興味を抱いたが、その内容は植物の種類から、分布やその因って来たる歴史をも含むものだった。植物の知識については、すでに何世紀にもわたる蓄積の歴史があった。大著が数多くつくられてきたが、そのほとんどは、もちろん学問の言語であるラテン語で記された。問題は、その植物の知識が体系的でないということだった。つまり、植物の配列が恣意的であり、植物名の表記も繁雑だったのだ。リンネウスが生物科学になした偉大な貢献は、まさにこの二つの分野であった。すなわち、分類と命名法である。

　前リンネウスの時代には、レイとトゥルヌフォールの分類法が流行していた。トゥルヌフォールのその著作が現われたのは、ほぼリンネウスと同時代である。それは『Institutiones Rei Herbariae』全3巻で、1700年の出版である。トゥルヌフォールは、リンネウスが生まれた直後の年［1708］にこの世を去った。トゥルヌフォールのこの重要著作の書名を現代語に訳すのはむずかしい。おそらく、説明的にとらえれば、『植物学原論』とでも言えばよいのだろうか（herbaria とは植物の知識、つまり植物学のことである）。3巻の

2 リンネウス（リンネ）

トゥヌフォール*

うちの2冊には、植物の図版が掲載されているが、それらの正確さと美しさは、現代にあっても本の価値をいや増すほどの出来栄えだろう。トゥルヌフォールは約1万を数える植物を認めていた。それらをまず、木本と草本に分類し、それぞれをさらに花弁を生じるものと生じないもの（有花弁花と無花弁花）にグループ分けし、さらにいろいろな花冠の形にもとづいて分類するというものだった。彼は、いま私たちが認めるような植物名を用いていない。本書で後述するように、多くはラテン語の語句を連ねることで植物を区別したのである。彼はまた、属という概念を確立したことでも知られるが、それはより明確に定義され、分類階級の一つとして使用されるようになっている。

　植物に性を認める考えはすでに説得力をもつようになっていたが、トゥルヌフォールはそれを認めなかった。しかし、リンネウスはその問題を取り上げ、その考えの正否を確かめようと雄しべや雌しべを調べるうちに、それらを分類基準として用いるアイデアが浮かんだ。この有名なリンネウスの分類システムは、発案者自身が予見していたようにいずれは破棄される運命だったのだが、世界の植物をclasses（綱）や orders（目）といった明確な分類群に整理することを可能にした。まず、綱は雄しべの数にもとづいて13綱が区別された。雄しべ数が1本から11本にいたる11の綱と、20本の綱、そして、より多数の雄しべをもつ綱、雄しべの相対的な長さに関する2つの綱、束状の雄しべをもつ4つの綱、雄しべと雌しべ（花柱）が合体している綱、雌雄同株や雌雄異株あるいは雌雄雑性のような不完全花をもつ3つの綱、そして、雄しべや雌しべなどの器官をもたない隠花植物の綱。これで24の綱になる。これらの綱がさらに雌しべあるいは花柱の数に応じて複数の目に分類されている。

　この「性体系」は、名称としては適当とは言えなかったが、実際

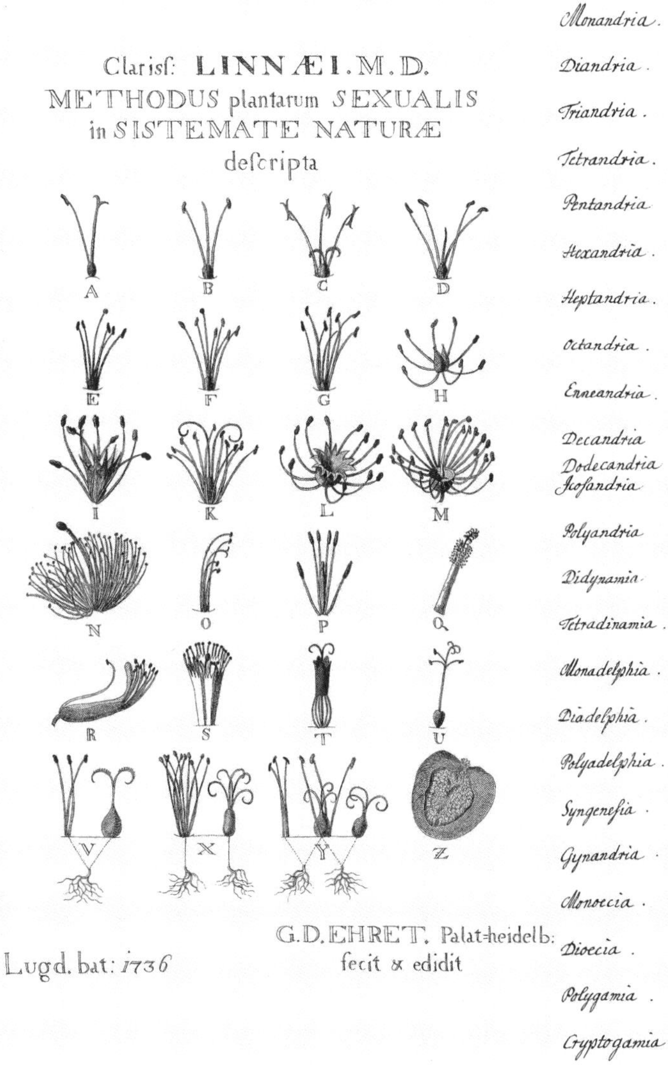

リンネウスの性体系分類図（エイレット画、1736）＊

に膨大な数の植物を整理・関連づけるのに役立った。そして、その一方で、多くの自然な系統関係を断つことにもなった。ともあれ、あちこちで集積された植物記録からこのような秩序を引き出すことにより、既知の植物種の比較研究がよりおこないやすくなったのは確かだった。それはまた、自然の科という概念への道を開くものであり、その概念はフランスのジュシュー（叔父と甥）やアダンソンたちにより確立されて私たちの今日に伝えられたのである。

リンネウスの著作活動は驚異的なものだった。合わせると180に上る著作をものにしたが、なかには、彼が死んだ1778年より後で出版されたものもある。本稿とのかかわりで特に私たちが興味を抱くのは『Genera Plantarum』（植物の属）である。これは1737年に出版されて、その後、数版を重ねた。それともう一つは、1753年に出版された『Species Plantarum』（植物の種）である。「およそ7300種がこの著作に記載されている」とエリソン・ホークスが『植物研究の先駆者たち』という本で書いている。引用を続けると「異名と産地も記されており、もちろん、植物の配列は性体系にもとづいている。記載された種の数から言えばトゥルヌフォールやレイの著作の方が上であるが、記載した種のほとんどをリンネウス自らが検討し、それらは標本として残された」のであった。この著作は索引を除いても1200頁に及び、コンパクトな八つ折り判の2冊本としてつくられ、ストックホルムで出版された。原書はいまや稀覯本となっているが、写真製版による復刻版が入手可能である。リンネウス自身による後続の版が1762-63年［第2版］と1764年［第3版］に出版されている。

『植物の属』では、属の概念が、本質的に今日の私たちの理解と変わりなく定義され記されている。そして1754年に出版されたその

第5版は、命名の観点から最も重要視されているものであるが、1105属が記載されている。この『植物の属』に続く『植物の種』では、その当時彼の知るところとなったすべての種が、正しい属のもとに記載されている。そして、記載頁の欄外に *Solanum Pseudo-Capsicum*（フユサンゴ）の例で見たように、種を表わす見出しが掲げられている。彼はまた、種に従属する変種の概念も確立し、変種名を異なる活字［α，β，γなど］で欄外に記している。植物に引き続き、リンネウスは動物についても同様の試みをおこなった。

　属と種と変種、これらは生物の種類の三つのカテゴリーであり、リンネウスによって明確に規定されたものである。そして、これらが何を意味するのかを、私たちは理解しなければならない。そうしてはじめて、私たちは、植物や動物の種類の研究をおこなうことができ、命名法の問題に迫ることができる。

　Pyrus はナシ状果をもつ属の名前である。

　　Malus はリンゴという種を意味する形容語である。

　　　paradisiaca はリンゴの変種を意味する形容語である。

　上記の事柄を書き表わしてみると、次のようになる。

　Pyrus Malus リンゴ

　Pyrus Malus var. *paradisiaca* パラダイス・リンゴ

　もし、私たちが種を意味する語 *Malus* を除いて、*Pyrus paradisiaca* と書いてしまうと、二つの誤りをおかすことになる。すなわち、新しい名前をつくってしまう誤りと、パラダイス・リンゴがリンゴの変種ではなく、別の種であり、事実上リンゴとは異なる起源のものであることを主張してしまう誤りである。種と変種の概念をしっかり理解することはとても重要なことであり、さもなければ、植物をきちんと識別して話すことも書くこともできないのである。

種とは何か、ということを正確に定義することは不可能である。ナチュラリストたちは徐々に種という考え方を獲得し、生物を考えるときに無意識に種というものを認めている。自然は、型通りに考えることができないものである。私が『Hortus』（園芸植物事典）に書いた短い説明を再録するが、もしかしたら種を定義する一助となるだろうか。「ほかの種類とは明確に異なる、あるいは本質的な特徴、すなわち、同定のよい指標となり、事実上、世代更新の過程で連続する個体に必ず受け継がれると思われる特徴で区別される植物や動物の種類。」

　このような簡単な説明であれ、読んだだけでは理解することはできないだろう。その意味するところは、徐々に明らかになる。リンゴは一つの種であり、ナシは別の種である。2種とも、リンネウスが一つの属、つまり同一のグループとみなした分類群に属している。つまり、両者は変種ではない。本書の読者が、この問題に関してさらに詳しく知りたければ、『Hortus』に解説した科や属や変種といった項目を読まれるとよいかもしれない。話は変わるが、その前に言っておきたいのは、英語の種（species）という語は、単数であれ複数であれ変化しないということである。つまり、1種（one species）と言い、6種（six species）と言うのである。1種しかないという意味で、それが「specie」と書かれているのを見たことがある。だが、「specie」というのはまったく別のことがらである。それは金属でできた興味深いもので、私にはとんでもないが、他人様は意のままになさっているようだ。

　リンネウス以前の時代、植物には万国共通の定まった短い学名がなかった。したがって、グロノウィウス（1739-43）［ヴァージニア植物誌］やローイイェン（1740）［レイデン植物誌］などの著書で、イヌハッカは「Nepeta floribus interrupte spicatis pedunculatis」

[花茎に間隔を置いて柄のある花をつけ、花序が全体に穂状となる Nepeta、というような意味] と呼ばれ、この植物の短い記載といった感じである。リンネウスは、これを *Nepeta*（イヌハッカ属）のグループとして記載し、欄外に *cataria* と記し、現在知られるように *Nepeta cataria* と命名した（cataria というのは、後期ラテン語で、「ネコに関係する」という意味である）。

ヨハン・ボーアンの著書では、スイカは「Citrullus folio colocynthidis secto, semine nigro」[葉がコロシントウリのように分裂し、黒い種子をもつ Citrullus] と呼ばれている。リンネウスはこれを *Cucurbita* という属の1種として扱い、余白に *Citrullus* と記した。彼は *Cucurbita Citrullus* と命名したのである。カーネーションはいくつかの著作では「Dianthus floribus solitariis, squamis calycinis subovatis brevissimis, corollis crenatis」[単生花をつけ、短いやや卵形の萼片と、円鋸歯状の花冠をもつ Dianthus] と呼ばれているが、なかなか美しい表現である。リンネウスはこれを *Dianthus Caryophyllus* と命名した。

　植物の識別名としてこれらの語句はいまの私たちにとっては奇異に感じられ、すっきりしない。しかし、どの植物名も長かったというわけではない。机の上に、リンネウス以前の名称で書かれたカエデの名称の例が見える。「Acer orientalis, hederae folio」、すなわち東洋の蔦葉カエデの意である。アメリカで現に発行されている種苗カタログを見てみよう。「Acer polumorphum dissectum pendulum」[枝垂れ性で、深裂葉をもつ多形なカエデ] という名称が記されている。私は、かつてヒナゲシの園芸品種を「Papaver Rhoeas coccineum aureum」[輝くような真紅のヒナゲシ] という名称のもとに、フロクスを「Phlox Drummondii rosea alba oculata」[白い目をもつ紅紫色のフロクス・ドラモンディー] という名称

のもとに栽培したこともある。たぶん、2、3世紀前の植物学者はラテン語に通じていたということもあって、そのような植物名でも、いま私たちが想像するほど不便を感じていなかったのではないだろうか。

　こうして、植物は二つの名前をもつようになった。一つは、グループ名としての属名であり、いわばジョンソンといった人間の名前でいう姓のようなものだ。そして、もう一つは種を区別する語である。これが二名法である。これにより、すべての動植物は、世界中の人々の知るところとなり、間違いなく識別して話したり書いたりすることができる。確立した体系として、それはリンネウスが1753年に著わした『植物の種』とともにはじまったといえる。この出版年は植物命名の出発点である。動物の方は、リンネウスが1758年に出版した『自然の体系第10版』（Systema Naturae）を出発点としている。とはいえ事実上すでに1745年には、リンネウスは種名を、オーランドとゴートランド地方への旅行を記録したスウェーデン語の本の索引に採用していた。ただ、そのときはまだ体系化されていなかっただけなのである。そして、それより早く、1737年出版の『クリフォルト庭園』では、二名法につながる叙述名が記されている。*Capsicum annuum* や *Capsicum frutescens* がそんな例である。これらの後、単語を用いて種の形容語を表わしたのが、1749年に出版された彼の『学術論文集』（Amoenitates Academicae）の第2巻である。

　だからといって、ここで誤解してはならないのは、植物名を二語で表現することが、リンネウスの前におこなわれていなかったわけではない、ということである。私のテーブルの上に広げてあるのは、フランス人のカロルス・クルシウス（フランス語ではレクリュー

CAROLI LINNÆI

S:æ R:giæ M:tis Sveciæ Archiatri; Medic. & Botan. Profess. Upsal; Equitis Aur. de Stella Polari; nec non Acad. Imper. Monspel. Berol. Tolos. Upsal. Stockh. Soc. & Paris. Coresp.

SPECIES PLANTARUM,

EXHIBENTES

PLANTAS RITE COGNITAS,

AD

GENERA RELATAS,

CUM

Differentiis Specificis,
Nominibus Trivialibus,
Synonymis Selectis,
Locis Natalibus,

SECUNDUM

SYSTEMA SEXUALE

DIGESTAS.

TOMUS I.

Cum Privilegio S. R. M:tis Sueciæ & S. R. M:tis Polonicæ ac Electoris Saxon.

HOLMIÆ,
Impensis LAURENTII SALVII
1753.

リンネウス『植物の種』(1753) のタイトル頁 *

ズ）が1576年に出版した見事なヴェラム本で、内容はスペインにおける植物観察にかかわるものである。掲載図のあるものにはGentiana tinctoria という名前が記されており、別の図には Dorycnium Hispanicum とあり、ほかにも多くの同様例がある。しかし、これらの名前は、体系的な命名法を表わすものではなかった。掲載された多くの植物は番号によって識別されている。たとえば、Cytisus I, Cytisus II, Cytisus III, Cytisus IIII のように表現されている。これらの事例は、ほかにもあるだろうが、命名法が近世の初期にその形を整えはじめたことを示している。

　その当時、いまのように、熱心な植物の学徒がいたのである。その献身の熱意は、おごった現代にあっても最善の意志として称えられるほどのものだろう。クルシウスについての一節を読んでみよう。これは近年活躍されている、植物学の歴史に詳しいベンジャミン・デイドン・ジャクソンによるものである。クルシウスは「その信頼に足る植物学的な資質もさることながら、度重なる不運に見舞われたということでも際立っていたといってよいだろう。スペインをくまなく旅してその半島の植物を観察し、高山植物を見るためにハンガリーやボヘミアを訪れている。その際、彼は何度も事故に襲われて苦しみ、とうとう不自由な体になってしまう。しかし、植物の知識の追究にかけておさえきれぬ情熱を失うことはなかった。彼の書いたラテン語は完璧なものとして高く評価されており、膨大な数に上る新種植物を記載したはじめての人物なので、その著作には大きな関心が払われている。その生涯を、レイデンで植物学の教授として、1609年に終えた。」

　学名というのは、植物の名前としてのみ意味をもつものではない。それによって、植物は一つの体系のなかに置かれ、植物同士の関連が与えられるのである。したがって、リンネウスがフユサンゴに学

クルシウス*

名を与えたとき、それをナス属として分類することで、ジャガイモやトマト、あるいはナイトシェード [*Solanum dulcamara*] に関連づけているわけなのだ。リンネウスはまた、その植物を古い PseudoCapsicum の歴史とも関連づけている。だから、*Solanum PseudoCapsicum* という学名には、一つの名前以上の意味がこめられているのである。このことは、だれが命名しようとも、すべての学名に当てはまることである。ミショーが1803年に *Rhododendron catawbiense* という種を「つくった」とき、彼はその植物を *Rhododendron*（ツツジ属）という属に置く行為により分類したわけなのだ。そしてなお、その学名に、植物の採集場所である Catawba 地方をも記録しているのである。採集地は、原記載によれば「in montibus excelsis Carolinae septentrionalis juxta originem amnis *Catawba*」とあり、訳せば、Catawba 川の源流に近い北カロライナの高山にある、ということになる。

属名は、つねに二名による学名の一部をなしている。したがって、*PseudoCapsicum* だけではフユサンゴを示すのには不十分だし、*catawbiense* だけではツツジ属の種であることがわからない。もし、その植物が（まだ明らかにされない理由で）結果的に別の属に置かれれば、もとの学名で種を表わしていた語が借用されていく。すなわち、パーシュが1814年に、*Azalea arborescens*（木本のアザレア、の意）という種を記載したが、トリーは、アザレア類は植物学的に *Rhododendron* と分けて考えるべきでないとし、1824年に、*Rhododendron arborescens* という組み替え名をつくった。この組み替えが認められれば、パーシュの学名は異名になる。1894年、私は *Prunus Besseyi*（ウェスタン・サンド・チェリー）という学名を設立した。この植物は、そのときまで、在来のサクラ類と区別されていなかったのだが、別個の種類として認め、私の尊敬すべき友であり助言者であるチャールズ・E・ベッシーに敬意を表して命名したのである。ところが1898年、スミスが、サクラ類とスモモ類とは別属として分類しなければならないほど異なったグループであると考え、属名としてそれなりの歴史をもつ *Cerasus* に組み替え、*C. Besseyi* という学名を提唱した。もし、これらの石果をもつ植物がすべて *Prunus* に分類されれば、*Cerasus Besseyi* は異名となり、*Cerasus* を別に立てることを認める人がいれば、その場合 *Prunus Besseyi* は異名となる。

種が属に従属するように、変種は種に従属している。*Fraxinus excelsior* はセイヨウトネリコという種を表わす学名である。*F. excelsior* var. *asplenifolia*（ママ）は、そのセイヨウトネリコの一型を表わす。ときに、その学名は「var.」という記号を省略して書かれるこ

ともあり、*Fraxinus excelsior asplenifolia*(ママ) となって、いわば混じり気のない三名で表記することになるが、そうすることで意味が変わることはない。［現在の命名規約では、分類階級を示す記号を省略できないことになっている。］

　二名による命名システムは、人類の最高の発明の一つである。有用で、単純にして明快の美しさがある。男女を問わずすべての人々の役に立つ。時の制約を受けることもない。既知の植物の数が少ないときに、リンネウスとその仲間たちの目的に応えるものであったが、180年を経て、既知の植物の数が膨大に増えた今日にあっても使われている。事情は動物の分野でも同じである。それは、リンネウスが4236種の動物を命名し記載するのに役立ったが、今日でも、膨大な数の昆虫を含むすべての既知の動物種に適用されている。

　二名による学名はいずれも意味をもっている。すなわち、学名は重要である。生物の種類の名前を知ることは、この上ない満足の一つが得られることになる。名前を知ったとたんに、無数のほかの生物とのかかわりが生まれてくる。すなわち、生物との触れあいが増大するのである。

　ここまでのところで、私たちは、リンネウスがいかにして先達たちの広範な記録を有効に利用したかを見てきた。そうした先達のほとんどは、本草家（ハーバリスト）として知られる人々である。つまり、主として病気治癒の観点から、植物の特性に注目していた人々である。だが、なかには、トゥルヌフォールのように、植物そのものの研究に興味をもち、種類の特定やその特徴の究明といった近代的な科学精神が促すところに意を注いだ人物もいた。このようにして、彼の第6綱、すなわちバラ形花をもつ草本と小低木をまとめたグループに分類されたフウロソウ属の記載では、属の特徴がラ

テン語で6行にわたって記され、81の「種」(むしろ種類というべきか)が、先行文献における叙述名のまま列記されている。それらの記述はいずれも薬効に触れていない。

リンネウスがフウロソウ属を設立したとき、トゥルヌフォールの図版を引用し、それから通常の記載文を続けた。リンネウスはこの属の種として39種を認めたが、現在そのなかのあるものはエロディウム属に、あるものはペラルゴニウム属に分類されている。リンネウスは、トゥルヌフォールの属を必ずしもすべて認めたわけではない。

ここで、トゥルヌフォールの図版の例をいくつかお目にかけよう。まず、単一花 (Corona Solis) からはじめる。掲げた図版はヒマワリのものであることがおわかりになると思う。リンネウスは、図版を引用しているが、この単一花という分類基準を採用しなかった。リンネウスは、ギリシア語の helios [太陽の意] と anthos [花の意] からなる語をラテン語化した *Helianthus* (ヒマワリ属) という属をつくっている。以来、まさにこのいまにいたるまで、私たちはその属名を使っているというわけだ。

トゥルヌフォールが単一花の図版に付した説明は、私たちの興味を引くと思われる。図Aは放射状に開いた花で、Bは花盤である。Dは小花の一つで、Eは胚（果実）である。Gは中性花で、Fは発達した花冠、つまり舌状花冠である。Iは萼（総苞）、そしてその下に描かれているのは小花の部分の詳細図である。Cは真の花冠、すなわち太陽の冠である。

こんどは *Avena*、つまりカラスムギ類の図版を見てみよう。美しい図である。リンネウスはこの *Avena* という属名をトゥルヌフォールからそのまま受け継いでいる。Aは「萼」Dに抱かれた花群を示している。BCは雄しべ、Eは雌しべ、そしてGは「種子」

2 リンネウス（リンネ）

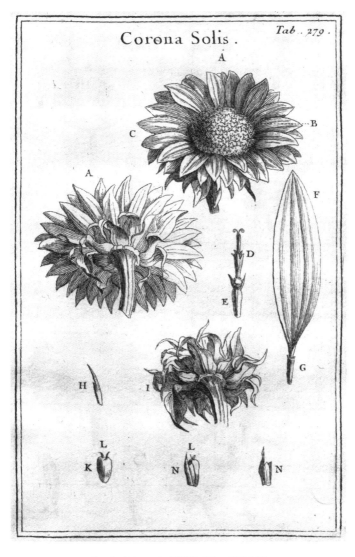

トゥルヌフォール（1700）のヒマワリの図

である。Ｉは束生花序で、これらの花序が集まってＨＨで示される長い花穂を形づくっている。さらに、*Lycopersicon*、トマトの図版を見よう。この図版にはその果実や花の詳細がよく表現されている。注目すべきはその花で、こんな早い時代でも、花冠裂片や萼裂片が通常の5個より多くあることである。その全体はＣＡで示され、ＣＤは花冠を除いた図、ＡＢは裏側から見たところ、Ａは表側から見たところである。Ｅは果実の全形、Ｆはその断面（多くの室が見てとれる）、Ｇは種子である。

　リンネウスはトマトをトゥルヌフォールのナスとともにナス属（*Solanum*）に分類し、前者を *Solanum Lycopersicum*、後者を *S. Melongena* と命名した。フィリップ・ミラーは、リンネウスと同時代に活躍した人であるが、トマトとその関連種を別の属に分類し、したがってトマトを *Lycopersicon* あるいは *Lycopersicum esculentum* と命名した。そして、この学名が現在使用されているものであるが、植物学者のなかにはやはりナス属に分類すべきだという人もいる［トマトの学名は国際植物命名規約にもとづき現在では保留されており、*Lycopersicon esculentum* を用いることになっている］。このトゥルヌフォールの図版に描かれているトマトの切れ込みのある果実は、いまアメリカ合衆国ではめったにお目にかかれない系統である。もっと大ぶりで整った「切れ込みのない」果実が好まれているからである。でも、私が50年ほど前にトマトにかかわる研究をはじめたころは、ひだのある平べったい果実はよく栽培されていた。熱帯地方ではまだ普通に見られるタイプである。北アメリカの近代品種が急速に他品種に取って替わるようになったのは、営利的蔬菜園芸の発達にともない1870年にウェアリングが「トロフィー」という栽培品種を導入してからだった。その栽培品種が関係者の関心を引き起こしたことをよく覚えている。

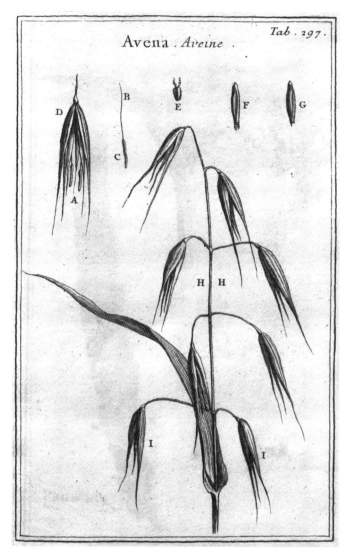

トゥルヌフォール（1700）のカラスムギ類の図
ラテン語で *Avena*、フランス語で Aveine（Avoine）

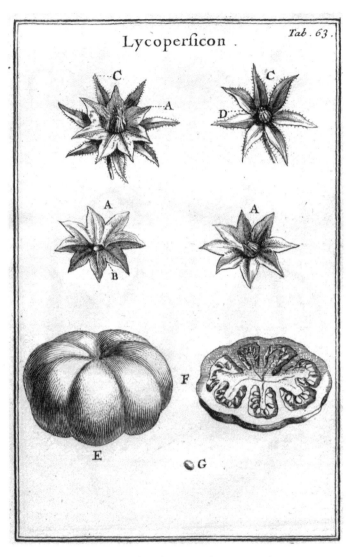

トゥルヌフォール (1700) のトマト (Lycopersicon) の図

2 リンネウス（リンネ）

　さて、簡単ながらも、これで多少はリンネウスについて知識が得られたことと思う。彼はよく「植物学の父」といわれるが、それは名前をつけることができてはじめて、便利に植物の研究ができたり、記録することができるからである。それは、解剖学であろうと形態学であろうと、はたまた遺伝学や分類学の分野であろうと、変わりなく言えることである。リンネウスが有していたのは、体系だった統合精神だった。彼は、何世紀にもわたって本質的に何の脈絡もなく散積されていた記録を統合した。植物の研究に秩序をもたらしたのである。この秩序は、取引の拡大にともない世界各地から未知なる多くの植物が導入されはじめた時代にあって、とりわけ必要なものだった。

　この小論により、リンネウスが体系的な分類に対する情熱をもっていたことを明らかにできたと思う。彼は何であれ体系的に分類した。それは、何世紀にもわたって集積されてきた記録を統合し、整理するための必要なプロセスである。彼は知見の統合者であった。ちなみに、ダーウィンもまた、まったく別の分野であるが、知見の統合者であったといえる。

　リンネウスは自然研究の歴史における体系的な分類学者（systematist）であった。私たちが動物学や植物学の分野で分類学者に言及するとき、動物や植物の種類を研究し、それらを命名し分類する人を想定する。植物では、この分野は systematic botany と呼ばれる。ただ、この呼称はどこか大仰で意味がはっきりしないので、使わないほうがよいだろう。また、ときに taxonomy と呼ばれることもあるが、これは分類群を認定することだけを意味する用語である。たぶん、学問分野として mathematics（数学）というのがあるように、それは systematics と呼ばれるべきだろう。そして、

その学問に身を捧げる人は、systematist ということになる。

　分類学は、植物科学において最も古い学問分野である。それでいて、きっとおわかりになると思うが、いまも新しく、ほかの植物科学を統合していくものでもある。この学問の主題は、リンネウスがラップランドの岩山を踏査し、スウェーデンの山野を歩き回ったときのように、現在も新鮮で、魅力に溢れている。

3 同定

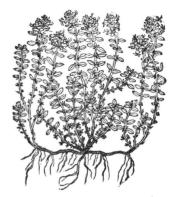

セルピルムソウ（ジェラード、1633）*

 ある種苗カタログから、私は *Cleome gigantea*、つまりセイヨウフウチョウソウ（スパイダー・フラワー）の種子を注文した。ところが、送られてきたその種子を播いて育ててみるとクラミー・ウィードと呼ばれる *Polanisia trachysperma*［フウチョウソウ科の植物］という植物であることがわかった。

 学名として、いま挙げた二つとも間違っていない。いずれも、植物学的に認められた分類群である。いずれも正しく命名されている。だが、植物の同定が間違っていたのである。

 キャッサバナナ（cassabanana）［*Casa Banaya* ?］だということで種子を購入した。これはオモチャカボチャのような果実をつける植物である。学名は *Sicana odorifera* という。ところがこの種子から育ったのは *Benincasa cerifera* という学名のトウガンだった。繰り返すようだが、いずれの植物名も正しいし、育った植物もトウガンであることに間違いはなかった。だが、その種子の袋が誤りの原因だった。種子の袋に名前をつけ間違えている。

 二種類の植物がベビーズ・ブレス（baby's breath）という名前で知られている。一方はナデシコ科のシュッコンカスミソウ

(*Gypsophila paniculata*)である。もう一方は、アカネ科の植物で、園芸書でガリウム・モルゴ（*Galium Mollugo*）として知られるものである。両種ともふつうに栽培されている。ところが、いま、その植物が誤認だったということがわかっている。ガリウム・モルゴとして栽培されている植物は、実はガリウム・アリスタツム（*Galium aristatum*）なのである。だが、それは命名法の間違いではない。

円柱状の樹冠をもつグリーク・ジュニパー（Greek juniper）は、学名で *Juniperus excelsa* var. *stricta* と呼ばれる。だが、北アメリカでこの学名のもとに売られている植物は、*Juniperus chinensis* var. *pyramidalis* なのである。どちらの学名も、命名体系や命名規約から見て正しいものである。

二名式であろうと三名式であろうと、学名は、それがほかでもなく属すべき植物に当てられてこそ重要な意味をもつ。すなわち、命名の前に同定がある。

それならば、栽培植物の名前をはっきりさせるときに最初に解決すべき問題は、命名されるべき植物を同定することであろう。ところが、このことの重要性がまだ十分に園芸人に理解されていないのだ。私たちは、止めどなく規則をつくり、標準的な植物リストをつくるだろうが、植物の名前はなおも混乱すると思われる。なぜならば、植物が混同されているからである。

同定という行為は、世界を理解するためにまず必要とされるものである。たとえば、天体を正確に認識しえて、はじめて天体の図を描いたり研究したりすることができる。大気や気象学を理解しようと思うなら、雲の種類を認識する必要がある。技術者は機械の部品を知り尽くしている。地学者は岩石を識別する。化学者は、扱う物

質や試薬に精通している。昆虫学者は実際に昆虫を見分けることができて、首尾よく害虫との闘いに臨むことができる。動物学者は確実に動物を知らなくてはならないし、植物学者も植物を知ることにおいて同じことが言える。そうしてこそ、動植物を命名することができる。歴史家は過去の事件やその記録について正確な知識をもっている。医者は症状を突き止めることに熟練している。有能な人物ならば、感情というものの本質を明らかにし、たぶんそれらを分類できるだろう。同定するということは、教育における基本的な必要事である。

　そこで、植物愛好家が、扱う植物を正確で安定した名前で呼びたいのなら、その植物が確かにそう呼ばれるべきものであることを確認する必要がある。彼は経験的にはわかっている。だが、悲しいかな、真実を得るのが早ければ間違いを得るのも早いのである。おそらく、たやすく得てしまうというべきか。間違いであることを証明するものがないからである。たとえば、ある人が何年もある名前で植物を栽培するとして、実際はその名前の植物とは違う植物であるかもしれない。園芸家は受け取った植物に付されていたラベルの名前に頼るが、そのラベルが違っている可能性もあるのだ。

　だからといって、植物が一般的に誤って認識されているというわけではない。だが、この点でまだ誤りが多いといえるのが園芸の分野で、現に問題となっているのである。まず、育てる人の側に必要なことは、植物を批判的に見て、その違いと隠れた同定の決め手を理解し、さらにまた、信頼できる文献の専門的な記載を読んで自らの観察を検証できることである。というのは、どこまでも深く植物を知りたいと願うからである。すなわち、これは真に園芸を享受するための基本的心構えといってよい。そうすることで植物がわかりえれば、そのときに最高の満足感の一つを味わうことができる。

種苗家が扱う植物や種子が誤った名前を付されてしまうのは、必ずしも彼のせいとばかりはいえない。彼だって、信頼できる筋の言うままに植物を入手しているのである。植物の種類によっては、近似の種類との見分けが非常にむずかしいものがある。多くの場合に、植物学者でさえも確信のもてないことがある。何世代にもわたって間違った名前のもとに植物が栽培されているのはよくあることだ。そして、その間違いが良書といわれるような本にそのまま載っていることもよくある。こんな例がある。庭などでよく栽培されている小木で、細い葉をもつ八重咲きのニワザクラは、長いこと *Prunus japonica*［本来はニワウメの学名］だとされてきた。しかし、現在はそれがたいてい *Prunus glandulosa* であって、真の *Prunus japonica* の栽培は少ないことがわかっている。どうしてそれがわかったのか、ここで話しておくのも無駄ではあるまい。

　1784年、リンネウスの後継者であるスウェーデンのツュンベルクは、前述したように、日本に旅して、2種類のサクラ属の小木を記録した。*Prunus japonica*（ニワウメ）と *Prunus glandulosa*（ニワザクラ）である。ところが後代の研究者たちは、その2種類を同じものだとみなしてしまった。そして、栽培されていた株はいずれも *Prunus japonica* と呼ばれるようになった。ドイツの植物学者エミル・ケーヌが、故 E. H. ウィルソンにより東洋で採集された植物標本の検討をおこない、1912年に *Prunus glandulosa* について次のように書いている。「1世紀もの間、この種はつねにツュンベルクの記載した *P. japonica* と混同されてきた。しかし、この種は固有の特徴をもつ植物であり、後者との関連を示唆する連続的な個体も見られない。」ゆえに、ケーヌは両種の違いをはっきりと指摘した。1901年発行の『アメリカ園芸事典』［第3巻］では、ニ

3　同　定

ツュンベルク*

ワザクラは *P. japonioca* として解説されていた。その後継の書というべき1916年の『標準園芸事典』[第5巻]では、両種が異なる植物として取り上げられ、比較されている。その後の観察によって、東洋は別としても、西洋で *P. japonica* はほとんど栽培されていないことがわかっている。栽培があるのは試験場とか植物園ぐらいなものであろう。このような名前の変更によって困惑する園芸家がいるとすれば、その人は同時に何かを学び得たという事実にも目を向けるべきだろう。つまり、私たちは、1種とみなされていたサクラ属の小木が実は2種からなるものであり、そのいずれのタイプをも手にしているという喜ばしい事実にである。

先を急いで早く本書を切り上げたいと読者諸氏がお思いでなければ、ここでもう一つサクラ属にまつわる興味深い事例を紹介しよう。園芸家が、何であろうと日本から導入するサクラ属植物を「*Prunus japonica*」と呼ぶのは、よくありがちなことである。したがって、園芸界では、不幸にして日本のスモモをその名前で呼ぶことになってしまうのである。しかし、スモモの正しい学名は *Prunus salicina* である。さらにまた、枝垂れ性のイトザクラ (*Prunus subhirtella* var. *pendula*) も「*P. japonica*」と呼ばれている。すなわち、*P. japonica* Hort. は言及した2種の学名の異名ということになる。だが、*P. japonica* Thunb. は、ニワウメというちゃんとした独立種の名前なのである。さらに、*P. glandulosa* という、ニワザクラの学名も混乱している。トリーとグレイが1838年に、テキサスに産する小木の「野生モモ」にこの学名をつけたとき、おそらくツンベルクが先に同じ学名を別種につけていたことを知らなかったと思われる。1840年、フッカーはこのテキサスの植物を *Amygdalus* という別の属のもとに再分類した。ちなみに、この属名はモモに関連して後でもう一度言及するつもりである。ともあれ、*Amygdalus* と

3 同定

W. J. フッカー*

いう属のもとでは *glandulosa* という種の形容語を用いて学名をつくることはできる。それより以前に同じ組み合わせの学名がないからである。ところが、*Prunus* では、先にツュンベルクが *P. glandulosa* を発表しているために、テキサスのこの植物に同じ学名をつけることはできないのである。こうした異物同名を避けるために、1906年にカミロ・シュナイダーはこのテキサスの植物のために *P. Hookeri* という学名を提案した。しかし、よく調べると、すでに1843年に、ディートリヒが *Prunus texana* という学名をつけていたのである。そして、学名の先取権によれば、もしこの植物を *Prunus* のもとに分類するならば、ディートリヒの学名を用いなければならない。さらに別の例を紹介しよう。エイサ・グレイは、1868年に出版した好著『野山と庭の植物』で、ニワウメを *Prunus nana* としていた。私が1895年にこの著書を改訂したとき、本来の *P. nana* はまったく別種の植物であることを指摘することができた。そして、細い葉をもつニワウメは *P. japonica* であり、「一般に、しかし誤って、園芸界では *P. nana* と呼ばれている」と附記した。さらにもう一つ、園芸書では *Prunus sinensis* という学名が、ニワザクラに対して独断的に使用されてきたことを記しておく。いまでは、それを正しているだろうと思う。前述したように、このニワザクラに関する1784年から1912年にいたる年月は長いようだが、世界がまだ非常に未熟なことを考えると、けっこう短い時間でその誤りを解決したのではないかと思う。

事例によっては、種の設立当初から混乱が存在した場合もある。つまり、分類群として明確なまとまりをもっていない場合である。*Iris germanica* がそのような例である。この学名は実体のはっきりしない不明種であり、おそらくリンネウスの時代でもアヤメ属の一連の栽培型に当てられたものと思われる。リンネウスが言及した

3 同　定

エイサ・グレイ*

植物を裏づける標本も、これに関してはリンネウス（息子）によるものが1点残されている以外はほかに存在しない。野生状態では知られていないのである。このような場合には、できる最善のことをなすしかない。ある場合には、その名前は確実なものでないとして、nomen incertum（不確かな名前）とか nomen dubium（疑わしい名前）として処理される。ときに、そんな学名がある植物を意味するものとして是認されるかもしれない。その学名のもとになったタイプ（基準標本）がはっきりしなくてもである。しかし、そうだとしてもこれが認められるのは、歴史的な意味合いにおいてだけである。

　誤りが発見されて、同定の結果それが正されたときに、園芸家は、名前が変更されたことに対して文句を言うべきではない。その植物は、正しくその実体が究められたのである。だから、不平を言うどころか、感謝すべきなのだ。知識の集積とは、誤りの排除のプロセスである。そうしたプロセスがきちんと活かされるように望みたい。

　命名規約にもとづいて植物を命名することは、真実を言うための努力である。その目的は、植物を売ったり、ラベルを書いたり、本を編集したりする人に便宜を供与することにあるのではない。つまり、経済的なものではない。真理に奉仕することであり、その結果として万人に奉仕することである。結局、命名法は、印刷された規定として意味をなすものではなく、植物そのものにもとづいてこそ意味をなすものなのである。

　多くの場合、あるいはたいていの場合といってもよいが、園芸家自身は、疑わしい植物の同定について確信をもつことができない。そのようなとき、判断をよく知っている人に委ねることになる。残念なことだが、それに応えられる専門家がそうたくさんいないのだ。

3 同定

さらに、アメリカ合衆国では、一般的にいって園芸植物を正確に知ろうとする熱意に欠けるようでもある。野生植物に関してはその熱意が感じられるのだが。

植物の同定について、その助力の得られる施設が2か所ある。植物園と植物標本館である。植物園は園芸植物に満ちているが、植物標本館は通常園芸植物のコレクションをおこなっていない。それでも、すぐれた植物標本館は、同定に関するかぎり無視するわけにはいかない。

植物にはいろいろな問題がつきまとう。移動や枯死、それにともなって起きるほかの植物の侵入、ラベルつけの際の係員の不注意、見学者のいたずら、整理番号やラベルの紛失、など。これらすべてが、たやすくラベルの誤りに結びついていくだろう。植物園は、展示植物の正しいラベルつけに大きな注意を払っている。だが、それにもかかわらず、ラベルのつけ間違えをはじめとする事故が起きる。そのうえ、どの植物園でも、ほぼすべての植物を栽培しているわけではない。つまり、おかしいと思っても、それを調べるために比較検討できる条件が整っていないのである。そのような限界が出来するのは、広さ、維持費、土壌条件や気候条件などの制約を受けることによる。もちろん、植物園は、科学的な研究施設としてあるならば、正確な命名だけにその機能があるわけではない。しかし、そのほかの機能に関しては、当面のところ本書とのかかわりはない。

植物標本館というのは、植物の乾燥標本を収蔵する施設である。生きた植物はない。たぶん、死んでから100年も経った標本もあるだろう。だから、園芸家は、そんなものに積極的な関心を抱かないかもしれない。いつも尋ねられることに、標本に生きているときの色が残っているのか、というのがある。おそらく、残っていないであろう。標本は、園芸的な観点でつくられたものではないからだ。

それらは記録なのである。とはいっても、適切に標本にされ、維持され保存されていれば、それなりの姿と美しさを保っている。そして、このように念入りにつくられなかったものは、標本としての価値も劣り、確かに魅力的ではない。ともあれ、植物標本は土産品ではない。

植物標本がひとたび適当な紙に適切に留められて、種または変種として同定されると、それは実質的に不変の記録あるいは証拠品として保存され、ほかの植物（生きていても枯れていても）との比較検証に役立つものとなる。だから、植物間の違いを表わす本質的な特徴が、これらの収蔵標本に保持されていることを知ってもらいたい。

植物標本は、大きな植物標本館では、丈夫な白い紙に素早く糊づけすることにより「台紙貼り」を施される。用紙サイズは北アメリカでは、11.5×16.5インチで、「シート」と呼ばれている。これらのシートは、たいてい数枚が一括されて、「カバー」と呼ばれる強い厚手の二つ折り用紙の中にまとめて置かれる。カバーは水平に重ねられて、密閉された仕切り棚にしまわれる。木の実やマツカサなどのかさ張るものは、箱などの容器に別に保存され、大形の液質の果実は液浸標本にされるか写真に撮られるかする。

ところで、すでに読者は次のような疑問を抱かれていることだろう。どのくらいの期間、これらの標本は長持ちするのだろうか、と。だが、まだその質問に答えることはできない、標本がつくられはじめてからほんの２、３世紀しか経っていないからである。1603年に亡くなったチェサルピーノの植物標本はフィレンツェで保存されている。標本を貼りつけた台紙はどれくらいもつのだろうか。虫はこれらの標本を好み、それに巣くって一生を過ごす。その結果、標本は、長い年月を写本と同じぐらいに乾燥状態にあった台紙の上で、

3 同定

台紙貼りされたバラの押し葉標本、
花と果実がついている。
原物の約3分の1に縮小してある。

どろどろになる。もし、虫にやられないようにし、湿気や埃から守り、そのほか適切な管理を施せば、これらの植物標本は、人類が苦労してつくりあげた多くのほかの物と同様、永遠に失われることはない。最近、私は、首相を務めて1792年に亡くなったイギリスの第３代ビュート侯ジョン・スチュアートが残した植物標本を受けとったが、標本も台紙もみごとな保存状態にあった。

　植物標本館は、同定と記録のために存在している。標本との関連でコレクションが増えれば、もっと得るところがあろう。つまり、図書館が必要である。このような場所あるいは研究施設では、植物学者も園芸家も正確な植物の同定がなされることを期待してもよいだろう。

　同定を依頼するために標本をどうやって送ったらよいかについては、少し説明がいる。まず理解しておいてほしいのは、多くの植物種は非常によく似ているので、たくさんの標本を用意しないと違いを際立たせることができないということである。違いは葉にも現われるが、花のつき方、花そのもの、莢、種子にも現われるし、しばしば地下部が特徴的であることも多い。植物学者に送られる標本は植物体の一部というよりも、可能な範囲でなるべく大きく採取されたものの方が、同定しやすいし、所見もより確かなものとなるだろう。断片や相互に関連のない標本を送って時間を費やさせるようなことは礼儀に欠ける。

　標本は平らなまま送られるべきである。巻いたりしてはならない。採取したばかりの植物標本を折り曲げて送ると、届いた頃にはばらばらになってしまうか、曲がり癖がついてしまい、もとの形に直すことができなくなる。梱包の詰め物として、綿や鉋屑（かんなくず）や苔を使ってはならない。つまり、受け取る側に詰め物を取り出させたり、標本

のもつれを直させたり、というような手間をかけさせるのは正しいことではないからである。

　最もよい標本は、押し葉標本である。そうすれば、必要ならそのまま標本館の所定の台紙に移すことができる。当然ながらその場合の標本サイズは、標本館の台紙の大きさ（約12×17インチ）を超えない程度がよい。遠隔地に送るのでなければ、乾いていない新鮮な標本を送ってもよいが、（新聞紙のような）柔らかい紙をかなりの厚さ用意してそのなかに挟み込むのがよい。そしてその紙束の上と下に硬くて平らな板紙を当てて、「きつく、全体が平らになるように縛り」、しっかりと包んで郵送する。生の植物標本は、紙で挟んでおくと確実に乾燥する。

　船旅を要するようなかなりの遠隔地に送らなければならなかったり、あるいは標本が非常に軟質で多汁質だったりして、いずれにせよ輸送中にかびが生えそうなときは、送り出す前に、頻繁に吸い取り紙を取り替えるなどして、手順通りに乾燥押し葉標本にすることが望ましい。

　もちろん例外もある。マツやトウヒの枝のように硬いものは、マツカサなどといっしょに箱詰めにして送ってもよい。大形の果実や木の実もまた、箱詰めにして郵送すればよい。もし、花を自然な状態のまま見せることを望むなら、切り花や鉢植えを扱うようにして送ってもよい。しかし、このようにすることはめったにない。

　標本にはラベルをつけておいた方がよい。標本の同定者にとって、その植物に関するどんなことでも役に立つからである。たとえば、採集した日付、そのときの状態、野生していたものか栽培されていたものか、もし自生植物であるならどんな場所に生えていたのか、などなど。

　言い換えれば、標本を入手するにしても送るにしても、骨惜しみ

をするな、ということである。

　植物の新種は、乾燥標本にもとづいて設立される。植物学者が遠隔の地への採集行から戻ると、他人はすぐに、何か新しい（未記載の）種を発見したかどうかを聞く。しかし、植物学者はわからないとしか言えない。何よりもまず、彼は乾燥標本の包みを解き、それらを分類しなくてはならない。これらの標本は、植物のグループにしたがって専門の研究者に検討される必要がある。ラン科植物はある研究者に、シダ植物は別の研究者に、カヤツリグサ科植物はまた別の研究者に、そしてイネ科植物はさらにまた別の研究者に、というように。このようにして、すでにどこかに保存されている類似植物との比較研究がおこなわれねばならない。文献も参照する必要がある。そして、何週間か、あるいは何か月か、はたまた何年かして、採集者は新種を発見したのかどうかの答を得ることができる。

　もし、幸運にも、採集植物の中に、これまで知られていなかった種が認められると、新種記載文が乾燥標本をもとにして書かれることになる。そして、特に指定された標本が「タイプ」（基準標本）として保存される。この標本は、その後のいついかなる時でも、研究者が検討できることになっている。現在、男女にかかわらず、タイプ（基準標本）を証拠として残さないかぎり、新種を「つくる」ことはできない。

　しかし、場合によっては、前記のプロセスが逆になることがある。採集者が、すでに植物のあるグループの専門家で、そのグループの植物をすべて熟知しているときである。植物学的調査がまだおこなわれていない地域を訪れ、見た瞬間に、そのグループあるいは属の未記載種であることを実質的に認めてしまう。だが、そうであっても、彼は、標本をつくり、それらをしっかりと保存する。しかも、その植物は彼の専門の研究対象であり、新知見に対する責任も重い

3 同 定

がゆえに、なおのこと良心的にそうせざるをえない、とも言える。

よくあることだが、新種が植物標本館で発見されることもある。昔はいざ知らず、現代にあっては、ある種の標本が一つしかないのでは不十分である。種の集合である属は、一定の幅の特徴や地理的分布を示すために、そして、変異を提示するために、多くの異なる地域からの標本を必要とする。もし、植物学者が、ある一つの植物がミシガン州あるいはアラバマ州に分布していると言うならば、当然そのことを証明するための標本をもっているのだと思われよう。多くの標本が、独立種と想定される植物について集まっていれば、連続する変異の幅をもった非常に際立った植物群の存在が示唆されるだろう。私がはじめて記載した新種は、1884年に他種とともに発表されたが、植物標本館の標本から発見したスゲの仲間だった。スゲの類は互いに非常によく似ていて、2種の標本が1枚の台紙に貼りつけられていたのである。私は、そのうちの1種を *Carex multicaulis* と命名して独立させた。そして、シャスタ山の斜面の鞍部で、その植物を野生状態ではじめて観察したのは後年のことだった。まったく奇妙なことに、私の一番新しい発見も、まさに今日「つくられた」標本の中からだった（この場合はすでに野生しているものを見て知っていたが）。この種は *Rubus abactus* と私により命名されたが、本書を書いている現時点で公表されていない。その標本が明らかにしてくれるように、アメリカ合衆国北東部一帯に多く見られる種である。[ちなみに *Rubus abactus* は1932年に出版された。本書の刊行は1933年である。まさに本書執筆中のことである。]

新種に直面すると、植物学者も動物学者も、それに名前をつける。ただし、その属でまだ用いられたことのない学名でなければならない。もちろん、種を表わす形容語は、用法的に属名と一致させることが必要である。その場合、口語ラテン語形化した形容語を用いる

ことになるが、たとえば、後援者、採集者、あるいは採集地を記念する語を用いたり、植物のある特徴を表わす語を用いたりする。こうしてひとたび命名され出版されると、その学名は、命名者本人はもちろん何人であれ変更することはできない。ただし、ほかの研究者がその学名を用いるかどうかは別問題であるが。

この世に存在する植物標本は、既知の植物の記録である。いわば大形のカード索引であり、ただそのカードには植物標本が糊づけされている。地球の植物の知識を保存するものなのである。その価値は年月を重ねるにしたがって自然に増大する。

こうした植物標本の価値や興味は、少なからずそれに付されたラベルにある。ラベルには採集地がメモされており、さらに採集者の名前、そしておそらくは遠い過去の採集日、採集場所の様子をも思い出させるものである。これらすべての情報を、夏の盛りや雪に埋もれた真冬であろうと、また吹き荒ぶ嵐の日であろうと、意のままに入手できるし、それは居ながらにして旅行するようなものだろう。おそらくどのようにしたところで、こんなに簡潔に、それほどの人間の興味を凝縮するものはない。

私の目の前に、*Thymus Serpyllum*（セルピルムソウ）の一包みの標本が置いてある。この植物は芳香性のグラウンドカバー（地被植物）で、園芸家には mother-of-thyme という名前で知られているものである。ここで一息おいて、*Serpyllum* という形容語について述べておこう。これは、ギリシア語に関連する語で、「はう」とか「はっている」という意味をもち、serpent（蛇）という語ともかかわりがあるが、野生のタイムを指す名前としてラテン語に取り入れられた。前リンネウス時代の学者はこれをある植物グループを意味する属名として採用し、英名でもほふく性のタイムの名前

である serpolet にその名称が受け継がれているが、最終的にはリンネウスがタイムの1種を指す形容語として用いたものである。このようないきさつがあって、後にこの形容語は、小さな葉、すなわちタイムのような葉をもつ他属の植物名にも用いられるようになった。たとえば雑草の一つである *Arenaria serpyllifolia* [ナデシコ科ノミノツヅリ属の1種]、英名で bluets として知られるものの一つである *Houstonia serpyllifolia* [アカネ科トキワナズナ属の1種]、室内観葉植物コメバコケミズのよく知られた異名である *Pilea serpyllifolia* [イラクサ科ミズ属の1種] などである。ともあれ、目の前の標本の包みは、その植物を採集した人物や、たぶん過去何世紀にもわたってそれを栽培した人物についての歴史を思い出させてくれるものなのである。それは、上等の皮と羊皮紙で製した古本の匂いに通じる。

Thymus という語に関していえば、私たちはそれをギリシア語の中に見出すだろう。タイムの類がもっている強烈な香りから想像されるように、香料に関係のある語である。これがラテン語に取り入れられてタイムの類を指す名前になったのである。ちなみに、英語の time もまったく同じに発音されるが、植物のタイムとは何のかかわりもない。

ところでセルピルムソウ（*Thymus Serpyllum*）であるが、北アフリカはもちろんのこと、ヨーロッパや中央アジアのいたるところにたくさん生えている植物である。さらに広がって、北アメリカや場所によって東洋にも野生化しており、開花のときにはあたりを紫色に染めている。また、変異性に富んだ植物でもあり、そのために、しばしばいろいろな変異型が別種だとみなされて、異なる名前で栽培もされており、複数の学名がつけられてきた。

さてここで、標本の包みを手にとって、カバーに挟み込まれてい

る標本を見てみよう。まず、バッララスがギリシアのアトス山で採集した標本がある。それから、1860年にロシアの古い地方名であるイングリアで採集された標本もある。これには「in locis arenosis siccis hinc inde copiosissime」というメモがあるが、乾いた砂地に大量に生えていた、という意味である。デンマークの2地域からの採集品もある。イギリスのフレシュウォーターの海辺に面した石灰岩質の崖地のもの。ガーンジー島のワグナー湾のもの。スコットランドのバンフシャー地方のラネタンにある開けた草地や荒野のもの。ケベック州の開けた野原のもの。バーモント州ドーセットの乾燥地のもの。マサチューセッツ州バークシャーズのものは3標本があり、草地や低地で採集されている。私自身の採集品として、ニューヨーク州キャッツキルズのグランド・ゴージのものがあるが、これらは野や丘を何マイルも踏査して集めたものであり、そして、ミシガン州のものはいまからほぼ50年も前に採集したものである。ドイツのある植物園の栽培品からのものとして多様性に富んだ7標本があり、エジンバラの植物園のものが1点、北アメリカの同様の施設からのものが6点ある。フランスやアメリカ産の種子から私自身が栽培したものを標本にしたもの、ほかにも、あるアメリカ人の種苗家が栽培したもの、南カリフォルニアで栽培されたもの、*Thymus pulegioides* という、スペインの標高約4000フィートのところに野生する種との雑種、などの標本がある。実に広範な香りの旅ではないか。それはまた、この植物の分布や同定についての、まごうことなき記録なのである。

　残念なことであるが、植物標本館の多くは、正しく同定された栽培植物の適当な標本を、野生植物標本と同じように収蔵することを試みていない。栽培植物に関しては、これまで分類学的研究があま

りないといってよい。いや、植物を正しい名前で栽培することに対する必要性も認められていないのである。一方で、野生植物の名前については厳密な追究がおこなわれている。栽培植物の名前に関しては、そのラベルで一切をすませているといってもよいくらいだ。確かに、園芸品種の登録に関しては大きな関心がもたれている。しかし、それは、異なる分野の、まったく別の問題である。いつか時代や地域を超えて、栽培植物という人類の財産を物語る記録が価値あるものとして認められる日が来るだろう。いくら特徴を書きつらね、あるいはそれを印刷して残したとしても、それらは植物の種の真実の記録ではない。だが、そうは言っても、そんな時代がやってきたとき、栽培植物の種類によっては消滅してしまっていることも考えられ、すると一切の記録が得られないということにもなる。したがって、最良の記録は、実物と記載とを兼ねそなえたものということになろう。

　幸いに、リンネウスは植物標本をつくって残していた。それらはロンドンのリンネ学会により保存されている。リンネウスの標本のなかには早くにだめになってしまったものもあるが、少なからぬ標本が保存されているということは、それぞれの植物のそもそもの属性が失われずに残っているということなのだ。当然ながら、その標本のコレクションは、一個人による世界で最も重要な植物記録であろう。彼が設立した植物種に関して何らかの疑問が生じたときは、有能な研究者であれば自らその標本を検討すればよいし、そうでなくとも、標本の管理者に調査を依頼してもよい。ただし、リンネウスは、自ら記載した植物すべてについて標本を残しているわけではないので注意したい。記載された種のなかには、従前の文献に載る記載や図にもとづいて設立されたものもある。その場合、これらの文献が証拠となるわけだが、もちろん、その確実性においては植物

そのものにかなわない。

　リンネウスは標本について次のような二つの意味合いの指示を残している。「ネズミやガの食害から標本を守りなさい。愛好家に一標本たりとも持っていかせないようにしなさい。標本を見せる場合には、しっかりと、注意を怠らぬように。標本はかけがえのないものであるから、時が経てば経つほど、その価値は増すだろう。」リンネウスは、自分の標本が世界最大のコレクションであると述べている（ジャクソンの書による）。「1000ダカット以下の値段で標本を売ってはだめだ」とも述べているが、これを現在の価格に置き換えると約2300ドルということになるだろう。それでも、この標本コレクションはかなりのダメージを被ることになった。

　現在、たいへん注意深く保存されているリンネウスの標本の索引によれば、1万3832点を数えるという。この数は、今日のような進んで記録をとる時代にあって、活動的な植物標本館が収蔵する膨大な、何百万点にもなる標本点数に比べると、実に少ないといえる。換言すれば、この200年間の知識の増大ぶりを示しているのだ。してみると、来るべき200年間には、さらに驚くべき点数になっているだろうとも思う。たぶん、これから10世紀も経てば、ありすぎて混乱するほどの植物知識を有するようになるのではないだろうか。

　いまや世界は探検されているので、これからも急速にそのような知識が集積されていくとは思えない、と言う人たちもいる。これは、たいへんな勘違いである。私たちは、世界地図に地名を埋めることはできるかもしれないが、だからといってそれらの地域をほんとうに知ったことにはならないのだ。まだほとんどの地域、古代の地域でさえも、植物に関して完全に探検されてはいない。事実、歴史的な古代地域のなかにも、植物学的にほとんど未知のところがある。

すでに地図に描かれ、等高線もつけられて、課税もされているほどによく知られた、ニューイングランドやニューヨークといったような地域でも、さらに鋭意な植物探検により、見過ごされていた植物種が見つかったりしている。おそらく、世界はまだ半分もほんとうの意味で知られてはいないのであろう。そして、植物の種類の半分も採集し命名したかどうか、それさえもあやしいのではないだろうか。豊富な植物相をもつ広大な地域は、まだ採集家によって踏査されていない。新種は、飛行機では発見されないのである。

既知の植物の数が増えると、新種の同定や記載にはより注意が払われるようになる。リンネウスが、サンザシ属の9種を記載命名したときに、それぞれの種の区別は簡単であり、記述も短いものだった。いま、私たちはその属の種を900も知っており、種の区別に際して当然、たいへんな労力がいる。精密に、より詳しく研究し、最新の注意を払わないと、不要な同物異名や混乱名をつくってしまうことになるからである。このようにますます複雑なことになっているので、植物標本においても記載文献においても、厳密性は最も望まれるところである。そのうえ、すでに記載された種も、さらなる再検討の対象となる。こうして、種はさらにさらに厳密に定義されるのである。

植物の命名は、ますますもって、植物名の枚挙以上の意味をもっている。現代の分類学者は、植物を野生の状態でも標本の状態でも熟知している。さらに、分布、生態、土壌、生態環境、変異、習性、そして、できるかぎり、遺伝的知識をも考慮に入れている。すなわち、生物学的なあらゆる問題に関与しているのである。

そのうえ、記載文献の数も急激に増している。多くの本、会報、専門雑誌、共著などに、それこそ世界中でいろいろな言語で記されている。研究者は、実物の観察だけではなく、文献の探索や引用に

も習熟していなければならない。いわば植物の名前を矛盾なく明瞭なものとし、適切に出版するということなのだが、研究者の仕事のかなりの部分がそれで占められている。しかし、将来は、これまでほどの労苦を必要としないことになるだろう。ともあれ、植物の新種を命名記載することは単純なことのように思われるかもしれない。だが、そうするにあたって、研究者は、はるかな過去へと探求の手を差し伸べなくてはならないのである。

種子植物については、100万にものぼる学名が命名されてきた。しかし、「隠花植物」といわれているシダ類、蘚類、菌類、苔類、地衣類、藻類、バクテリアに目を転ずると、やはり膨大な数の学名がある。たぶん、これらの学名の半分かそれ以上は、異名すなわち同物異名である可能性が高い。多数の新種が毎年のように記載されている。実際、種や自然の変種を認知し命名することに関していまほどの研究活動はおこなわれなかったし、以前でさえこれほどの労力や厳密な作業を要しはしなかった。同じことは、動物学の分野でもいえることだと思う。最近の四半世紀ほどの間に、この主題へのアプローチの仕方はずいぶんと変わってしまっている。それでも、この価値ある仕事の中心的問題は、同定にある。

園芸家にとっても植物学者にとっても、まず取り組まなければならない問題は、命名法ではなく、同定である。

植物に対する一般的な関心は、姿、形、手触り、色、香り、季節、習性、生態、栽培適性などと関連するものであり、これはこれでよい。もし、それに、生活史に関する何がしかの知識や、違いを見分ける鋭敏な知識が加われば、さらに植物がもつ大いなる美を享受できるだろう。

4 命名の規則

サッサフラス (Sassafras)
(ジェラード、1633)*

　命名法 (nomenclature) とは、ある体系的規則のもとに、すなわち矛盾なく物に名前をつけることを意味している。この言葉の語幹にある nomen とはラテン語で名前という意味で、英語の name はそれから派生したものである。植物の栽培家にとって、命名法は、できれば見たくない悪夢的な領域である。その用語自体、それを正しく発音できないからむずかしいと思う人がいるにしても、明らかにむずかしそうだ。ちなみに、この言葉には最初の文節にアクセントがあって、「ノー」と長く伸ばしながら、「ノーメンクレイチャー」と発音する。

　植物の普通名というか通俗名、あるいは英名は、決まった方法で命名されるものではない。それぞれの名前は、それぞれに命名理由がある。ほかの植物名に関係なく命名されるかもしれない。古くから伝わってきた名前の場合もあり、たまたまそう呼ばれたということもあるだろうし、別の言葉の転訛ということもあるだろう。たとえば、「mercury」が「markery」となるようなことである。また単純に、*Begonia maculata* を「spotted begonia」[斑点のあるベゴニアの意] と呼ぶように、学名を翻訳して言い換えただけのものも

ある。こういうものは、単に口語的になったに過ぎないので、人口に膾炙する名前とはなりにくい。別の事例では、属名を通俗名として用いることがある。すなわち、学名と普通名が同じものであり、begonia, aster, acacia, spirea, clematis, geranium, magnolia, smilax, weigela, asparagus などがその例である。

通俗名には、あらゆる種類や程度の、由来や有用性が表現されている。なかには廃れていく名前もあり、そのうちには歴史的な意味しかもたなくなるものもある。普通名は、増えながらも、多少なりと変わっていく語彙を反映している。

現実に通用している通俗名、すなわち言語で記憶にとどめるようになった名前の由来を問うことは興味津々たるものがある。それらは、過去の時代の習慣や、考え、そしておこないなどと、興味深いかかわりをもっているのである。しかし、それらは、一貫した手続きから生み出されたものではなく、また、植物命名のための体系的な規則にとらわれるものではない。

もし、そんな通俗名の一つに興味を抱いた場合、命名規約ではその用をなさないが、辞書にあたれば、その正しい綴り、由来、意味などを知ることができる。おそらく、その名前の変遷は数か国語に及ぶだろう。ルーツはアングロ・サクソン語、古ドイツ語、デンマーク語、フランス語、ラテン語、中国語、さらには、アメリカインディアンの言葉にあるかもしれない。普通名の価値は、より古い名前は何かということではなく、どれだけ用いられているか、ということで決まる。

したがって、植物の普通名に関しては、大辞典を参照するとよい。とりわけ、見出し語に続けて提示されている由来の数々をたどることに慣れている人にはお勧めである。どの言葉にも因って来たる歴史がある。もし、読者が、英名のリストを欲するならば、いろいろ

な植物事典の索引を見るとよい。索引から本文頁を開くと、植物の解説文のなかに学名といっしょに英名が記されている。さらにまた、植物の普通名を集めた特別な本もある。その汎用的な参考書として信頼に足るものに、J. ブリトゥンとR. ホランドによる『英語植物名事典』がある。これは、今から50年ほど前に、英語方言協会によって発行されたものである。もっと小規模の事典なら、イギリスでもアメリカでも数多く出版されている。1923年に出版された『標準植物名』は、園芸植物命名法に関する全米委員会の発行によるもので、新旧の栽培植物の英名がたくさん載っている。国際的な性格を具えた記念碑的著作といえるものに、H. L. ゲルト・ファン・ウェイクによる『植物名事典』全2巻がある。これはオランダ科学学会により、1911年と1916年にハールレムで発行されたもので、英名、仏名、独名、蘭名がリストアップされている。もし、植物の普通名という豊かな文化領域に足を踏み入れるのであれば、大いなる手助けとなるものであろう。

　普通名は厳密さに欠けるものである。したがって、それらの有用性には限界がある。「sage-brush」という英名は植物の数種類を意味し、「soft maple」は、地域によってカエデ属の異なる複数の種を意味する。実際、「maple」という語にしても、カエデ属（*Acer*）を意味する場合とアブチロン属（*Abutilon*）を意味する場合があり、また、オーストラリアではそのどちらでもない植物を意味する。「huckleberry」もどれか特定の植物を意味するものではない。「dogwood」は、北アメリカとイギリスと熱帯地方とではそれぞれに違う植物を指している。「cowslip」は、アメリカ合衆国だとある湿生植物［サクラソウ科ドデカテオン属］を指し、イギリスだと、古くから知られた園芸植物［サクラソウ属の1種］を指す。「pine」といえば、北半球ではマツ属（*Pinus*）を指すが、南半球ではナン

ドデカテオン＊
（ソーントン『フローラの神殿』、1799-1807）

ヨウスギ属（*Araucaria*）やカリトリス属（*Callitris*）ほかを指す。「hollyhock」という古くから馴染んだ語も 2 種を意味する名前で、「pumpkin」は 3 種を意味するだろう。「potato」もニューイングランドとアラバマでは物が違う。ルイジアナの「yam」はトリニダード島の「yam」とはまったく異なる産物である。「almond」はお馴染みのナッツであるが、花木として栽培する小木を指すこともあり、熱帯ではまた別の植物を指すこともある。同じ「nasturtium」でも、英名として用いられる場合と学名として用いられる場合とでは植物が異なる。このような例は枚挙にいとまがない。

一方、学名は厳密さを要するものである。一つの学名が意味するのは、ほかのすべての植物から植物学的に区別される 1 種類の植物である。学名は言語によって異なるということがない。ただ、学名に関して栽培家は二つの困難に直面する。すなわち、学名は「むずかしい」ということと、変わりやすいということである。

確かに、学名の多くはむずかしいし、「大仰」である。例をあげてみよう。*Chrysanthemum*、*Gladiolus*、*Pelargonium*、*Gypsophila*、*Hemerocallis*、*Amaryllis*、*Hydrangea*、*Delphinium*、*Aquilegia*、*Narcissus*、*Philadelphus*、*Pyrethrum*、*Ranunculus*、*Dahlia*、*Crataegus*、*Coreopsis*、*Petunia*、*Sempervivum*、*Viburnum*、*Calceolaria*。たぶん、なかでもいちばんとっつきにくいのは *Rhododendron* だろう。学名に対する好みに関して言えば、*Rhododendron* の例ぐらい興味をそそるものはない。どうしたって、その英名である「rose-bay」ほどの親しみやすさはないだろう。

ここでまた、学名は名前としてだけではなく、植物を分類する機能ももっているという事実を再度強調しておくのも無駄ではないと思う。学名は植物の類縁関係を表現し、その理解に導くものなのである。普通名はというと、その類縁関係が表われていないばかりか、

多くの場合、虚偽の類縁関係を提示したりもする。たとえば、asparagus fern と言ったってシダ（fern）の仲間では毛頭ない。むしろこの英名は、fern asparagus（シダのようなアスパラガス）と解釈すべきものなのだ。pineapple（パイナップル）は pine（マツ）でもなければ apple（リンゴ）でもない。calla lily（オランダカイウ）は lily（ユリ属）ではなく、ユリ科植物でさえない。pepper-grass（アブラナ科コショウソウ属）は grass（イネ科の草）ではない。horse-chestnut（セイヨウトチノキ）は chestnut（クリ）とは何の関係もない。同様に grapefruit（グレープフルーツ）も grapes（ブドウ）とは関係ない。alligator pear（アボカド）は、いまも使われている奇妙な英名であるが、pear（ナシ）との類縁はない。産物の取り引きで用いられる castaneas（ブラジルナッツ）も、学名の *Castanea*（クリ属）とのかかわりはない。最近、おもしろいと思ったのは、インディアンからもらった種子でタバコを育てた人物のことである。彼はその植物の学名を知りたいと考え、Indian tobaccoという名前を本の索引で見つけ、その学名の *Lobelia inflata*［キキョウ科のロベリアソウ］をそれだと思い込んでしまった。だが、実際のところ彼が育てた植物はタバコ［ナス科植物］そのものだったのであり、学名は *Nicotiana* が正しい。

　さて、学名の変更につきまとうむずかしさについて論を進めよう。そして、ここに命名の規則が登場する。この規則の性格を把握しないと、正確な名前というものを理解することができない。本章のこれから後の部分は、学名の変更とその理由についての議論である。だが、植物学者の考えでは、それは変更なのではなく、手続きの結果なのである。すなわち、彼は規則に沿って作業をする。その結果としてもし変更が生じるならば、それは二次的なことなのである。

それでは、命名の規則の基本的な考え方が、一般にどのように組み立てられているのかを検証していこう。

　命名法の基本原則は、学名出版の先取権を尊重することにある。ただし、この原則は弾力的にとらえられることもあり、場合によっては専門家の意見のもとにその適用が留保されることもある。そうした方が、より重要な利点が得られる場合である。高等植物の命名に関しては、リンネウスが1753年に出版した『植物の種』を出発点とすることが同意されている。さらにこの書に関連して、翌1754年に出版された同著者の『植物の属』第5版も補助文献として考慮されている。

　リンネウスが『植物の種』を出版したからといって、ただちにその二名式学名が広く認められたのではない。それが証拠に、フィリップ・ミラーによるかの有名な『園芸家事典』（1731年初版）でも、1759年の第7版にいたってはじめて二名式学名を採用したのである。とはいえ、それでも採用というには不十分なものだった。そして、完璧に二名式学名が採用されたのは、1768年の輝かしき第8版であった。いわば二名法は、リンネウスの後何年も、いまほどの重要性を認められなかったのである。膨大な数の植物が認識され、同定や記載や文献探究に、より細心の注意が払われるようになった現在からは考えられないことである。現代の図書館は、以前に比べれば植物の種類を扱った本や専門雑誌をたいへん多く完備するようになっている。したがって、文献との比較作業もかつてより厳密におこなえるようになった。古い同物異名や誤用名を排除することはもちろんのこと、将来も同様の誤りをおかさないために、厳格な規則を設けることが必要になったのである。

　国際的な同意にもとづくこのような規則は、最近生まれたものであり、私たちはまだ、その最新の規則の適用に起因する学名変更を

経験しているところだ。ただし、おそらくいまは、変更による混乱も安定に向かっているのではないだろうか。こうして、ほぼ2世紀にわたるいろいろな試みは整理され調和が図られることになる。理論的で行き届いた規則ができる前は、二名式学名がどのように命名されていたかというと、ほとんど個人の勝手なやり方にまかされていたか、あるいは著名な専門家のやり方にならったりしていた。

植物命名法の権威性は、科学研究者たちが集まる国際大会から発する。国際大会では、地域や部門別の科学団体の代表者からなる諸会議が開かれる。すなわち、二名式命名法は、科学における重要問題なのである。

命名規約は、1867年にパリで開かれた植物学会議により採択された。だが、その規約は、当初は世界的に権威あるものとして、すべての国の賛同を得られなかった。アメリカの分類学者たちは前世紀の終わりに、独自の規則をつくり、そして、命名法に関する委員会が設立された。1904年、フィラデルフィアで委員会の会合がもたれ、一連の規範が是認された。この規約は、その原則において、パリで採択されたものとは根本的に違うものだった。一方、世界のほかの地域でも同じような動きがあった。そして、1905年、国際植物学会議がウィーンで開かれ、主として維管束植物を対象にした国際植物命名規約が採択された。この規約の内容は、1867年のパリ規約にもとづくものだった。アメリカで採択された規約もウィーン会議で提出されたが、採択されなかった。そこで、アメリカの規約の支持者たちは、ウィーンの国際規約を認めることに反対し、アメリカ植物命名規約を別に設けた。ただし、アメリカでもウィーンの国際規約の支持者がいた。このため、アメリカ合衆国では、四半世紀の間2種類の命名規約が存在することとなった。アメリカの規約とウィーンの国際規約とは、多くの点で一致するところがある。1910年にブ

リュッセルで開かれた第二回国際植物学会議で、前回採択の規約が修正された。そして、ふたたび1930年、イギリスのケンブリッジで開かれた第五回国際植物学会議でも修正された。このケンブリッジの会議で、規約の調整がおこなわれ、アメリカの規約も一定の立場が認められた。

　国際規約とアメリカの規約がもつそれぞれの利点については本書で触れないことにする。議論したところで、それは当然専門的なことに及び、一般的な知識を得たい人にとってあまりおもしろい話ではないからである。ただ、本質的に両規約に共通する特徴については、いかにして学名が命名され、変更されるのかを説明するために触れておいてもよいだろう。そしてまた、両規約が根本的に異なる二つの規定についても触れておく。ちなみに、規約の一節が引用される場合があれば、それは国際規約からの引用である。筆者は国際規約を支持する立場にある。その理由は、一つに、この規約は国際的な性格を有するものであり、筆者が深くかかわっている栽培植物は世界の多様な地域に原産し、多くの国で記載されてきたものだからである。

　「ナチュラル・ヒストリーは、あらゆる国の大多数のナチュラリストによって認められ使用される一定の命名体系をもたなければ、いかなる進歩もありえない」という一節が、国際規約の前文冒頭にある。そして、この規約は、「過去から伝えられた命名法を体系化し、そして、未来への礎とするように定められたものである。」

　私たちはすでに、ラテン語による学名が二つの部分、すなわち属名と種の形容語からなることを知っている。そして、種に従属する変種名がつくこともある。モモの学名 *Prunus Persica* では、*Prunus* が属名で *Persica* が種の形容語である。ネクタリンの学名 *P. Persica* var. *nucipersica* では、変種小名が加わっている。この基

礎知識と先取権の原則を頭に置いて、論を先に進めよう。

　自然の分類群（たとえば、種のような）はどれも、科学においては、唯一の有効名をもちうる。そして、それは最も古い名前でなければならない。ある種が別の属に移されるとき、最初の学名にある種の形容語を用いることになっている。すなわち、最初の学名に用いられた種の形容語は、その植物が別の研究者によってほかの属のもとに分類されようと、特別な問題がないかぎりその植物についてまわるのである。モモは、リンネウスにより『植物の種』で *Amygdalus Persica* と命名されている。後の研究者が *Amygdalus* という属を *Prunus* という属に含めたときに、モモの学名は *Prunus Persica* になった。何人かの著者は、早くからモモを *Prunus* のもとに記載している。*Prunus* という属の概念が核果（石果）をつくる果樹を広く指すようになったからである。その意味で最も早く正式に *Prunus* のもとにモモを命名したのは、ワイマールのアウグスト・ヨハン・ゲオルク・カルル・バッチであり、1801年に出版した『Beytrage und entwurfe zur pragmatischen geschichte der drey naturreuche nach ihren verwandtschaften : Gewachsreich』（自然史論述―植物篇）で記載されている。トゥルヌフォールはモモを *Persica* と命名した（英語の peach はペルシア Persia から派生した語で、その当時はモモがペルシアから来るものと思われていた）。フィリップ・ミラーは『植物の種』以後に出た『園芸家事典』続版で *Persica* という属名を採用し、*Persica vulgaris* と命名した。ただし、この学名を用いて分類する研究者は現在いない。ともあれ、モモを *Prunus* のもとに分類するならば、その学名の異名は次のようになる。

　Prunus Persica Batsch in Beytr. und Entwurfe Pragm. Geschichte, i, 30 (1801).

4　命名の規則

フィリップ・ミラー*

Amygdalus Persica Linn. Sp. Pl. 472 (1753).

Persica vulgaris Mill. Gard. Dict. ed. 8 (1768).

ネクタリンを表わす変種小名の var. *nucipersica* は、モモの学名にどれが採用されようと、種名に続けて記されることになろう。もちろん、*Persica* という種の形容語は、*Prunus* のほかのどの種の学名にも使用してはならない。しかし、ほかの属でなら、*Syringa persica*（ライラックの1種）の例のように用いてよい。種名として *persica* という語の二通りの使用についてはまた後で触れることにする。

ある種について、新しい記載が付与されるといったことがよく起こる。もともとの記載が不十分であることが判明したり、部分的な記載の誤りが発見されたような場合である。また、1種であると思われたものが（先にニワウメ *Prunus japonica* の例で言及したように）、2種あるいはそれ以上の種を含んでいたことがわかるかもしれないからである。しかし、このような種の定義における変更があっても、学名が変わることはない。ともかく、植物がどのように命名され記載されたかを確かめさえすればよい。記載が不備であるとしても、学名はその植物を表わすものとして通用する。つまり、名前は名前であって、記載ではないのだ。

著者が学名と記載によってどんな植物を区別しようとしたのかを判断するには、そのもとになった標本を検討すればよく、すでに述べた通りである。そのような植物標本をタイプ（基準標本）という。場合によって（初期の著者にはよくあることだが）タイプが存在しないことがあり、図版を引用してそれに準拠していることもある。そのような場合、産地の記録が、当該植物の同定の一助になるかもしれない。そのような事例の植物を同定するには、しばしば、頭脳的な探究作業が必要になる。そのためには、対象となる植物が属し

ているグループについてかなりの知識がいるし、推測を重ねていく知的作業も欠かせない。同定は、楽しい謎解き作業と同じである。

1世紀半以上もの間、ある際立った樹木の名前を誤解していた好例が、アメリカ合衆国東部に生えるコットンウッドの場合である。北アメリカ東部で、数種類知られるポプラの一つに tacamahac あるいはバルサム・ポプラと呼ばれるものがある。これは円錐形の樹冠が特徴的な高木で、粘り気の強い芳香性の樹脂におおわれた冬芽と裏白の長い葉をもっており、自生域の中でもほぼ北の方を中心に分布している。もう一つポプラの種類にコットンウッドがある。こちらは円形の樹冠で、ほとんど芳香はなく、幅広い葉をもっており、分布域も広い。（ちなみに、木材取引でポプラと呼んでいるものは、本来のポプラではなく、ユリノキなので注意したい）。リンネウスは1753年に、*Populus balsamifera*（芳香性樹脂をもつ、の意）を設立し、「Habitat in America septentrionali」（北アメリカに分布）と記した。彼は、その樹木の記載に際して従前の著作からの引用を提示しただけだったが、そのような引用の一つが、マーク・ケイツビーの有名な『カロライナ、フロリダ、バハマ諸島の自然誌』（1731-43）にある記述である。*P. balsamifera* という名前は、1世紀以上も北部の芳香性樹脂をもつポプラとしてみなされてきたが、もしケイツビーが、カロライナ、フロリダ、バハマ諸島などの南部の動植物について記しているとすれば変ではないだろうか。一方、エイトンはロンドン郊外のキュー植物園で栽培されていた植物の目録を1789年に『Hortus Kewensis』というタイトルで出版したが、そのなかに北アメリカ東部からのものとして *Populus monilifera* が記されている。これは、単純にコットンウッドであり、したがってアメリカ合衆国ではその学名で長く知られてきた。ところが、ハ

ンフリー・マーシャルが『Arbustrum Americanum』(1785) という、高木や低木について記したアメリカでの著作の嚆矢となるもので、*Populus deltoide* という学名のもとにコットンウッドに言及していることがわかったのである。彼のこの学名には誤植があるとされ、コットンウッドは正確には *P. deltoides* Marshall として知られるようになった。これらのポプラの命名に関しては、明らかに誤りがある。だがそれを正すために、大英博物館に保存されていたケイツビーの標本が検討され、きちんと同定されたのは、近年のことだった。それは1920年のサージェントの研究によるものだが、彼はリンネウスの *P. balsamifera* がコットンウッドの正名であると結論づけたのである。したがって *P. monilifera* や *P. deltoides* はその異名となった。そうだとすると、それまで「*P. balsamifera*」として知られてきた北部のポプラは名無しということになってしまう。だが、精力的な園芸家のフィリップ・ミラーは『園芸家事典』の1768年版で、アメリカインディアンによる呼称にちなんで、その木を *Populus tacamahacca* として記述していたのである。結局、これがその木の学名とされることになった。ほかにも種名やいくつかの変種名がこれらの混乱にかかわってくるが、ここで言及する必要はないだろう。たぶん、ここまでで読者自身が混乱していると思われるからである。だが、読者のために再検討されるやもしれぬほかのことに比べれば単純な事例である。さて、疑問はまだあって、この *P. tacamahacca* と命名されているものが、独立種として今後も認められるか、あるいはコットンウッド (*P. balsamifera*) と同種とされるか、さもなければ、両種名とも異名に落とされるか、ということなのである。この問題については、読者のお楽しみとして残しておくことにしよう [著者が述べる通り、現在では、この *P. tacamahacca* も *P. balsamifera* の異名とみなされている]。このよう

な名前の変更は、種苗家にとってはやっかいなことと思われよう。しかし、真実はいかに、ということで起こることなのである。

ところで、本章の内容の主題である命名の規則の考察に論を戻すこととしよう。とはいえ、前述のポプラの事例も、最終的に植物が同定されたときに命名の規則がどう適用されるかを示したものであることは、おわかりくださったと思う。だがその前に、第1章の19頁で紹介した、リンネウスのフユサンゴ（*Solanum PseudoCapsicum*）に関する記述に見られる二つのことを検討することをお許し願いたい。その最初の文章で、リンネウスはこの植物が無柄の散形花序、つまり、柄のない傘状に集合した花をもつことを述べている。二番目の文章、これは自著の『クリフォルト庭園』から採られたものだが、それには花がそれぞれ単生するとある。彼が参照しているいくつかの文献の図を見ると、花は傘状に集合していないし、私の目の前に置いてある実物の花のつき方とも違う。葉についての記述にも矛盾が見られる。ロンドンにあるリンネウスの植物標本のなかに同植物のものが一つあるが、私は実際にそれを見ていないし、写真でも見ていない。これらの矛盾が何を意味しているのか私にはわからないし、いま、そのことを追究するつもりはない。その植物に見られる自然の変異を物語るものなのだろうか。しかし、これらの矛盾は、今後の検討により解決されなければならない性質の問題である。

本書の22頁で触れたことだが、フユサンゴ（Jerusalem cherry）の種子の包みに *Solanum Capsicastrum* という学名が記されていたことを覚えておいでだろうか。この学名は、名前としては有効なものであり、100年前にドイツの園芸雑誌でブラジル原産植物として発表された。それは、毛がたくさん生えているために全体に白み

を帯びた植物とみなされ、一方、*S. PseudoCapsicum* の方は、無毛で緑色だと説明されている。そして、そのほかにも、いくつかの違いが記されてある。このような違いは、栽培していくうちに消えてしまうものである。栽培されているものが雑種である可能性も考えられよう。だが、この点は、推測だけで判断するわけにはいかない。はたして、「Jerusalem cherry」として栽培されているものが1種であるのか2種であるのか、*S. PseudoCapsicum* と *S. Capsicastrum* は実際に異なる種なのかどうか、疑問は残る。私たちは、ここでまた、同定に関して見過ごせない問題を抱えたことになる。これを解決するには詳細な検討が必要である。ともあれ、解答が得られるまでは、諸先達の意見にならって、私もフユサンゴの学名を *Solanum PseudoCapsicum* としておきたい。

ある植物の名前として長く認められ、文献にも変わることなくそう記されてきた学名であっても、もし、さらに古い有効名が見つかると、学名変更の理由になる。たとえば、温室で栽培されるよく知られたヘリオトロープがそんな例である。この植物は園芸界ではふつう *Heliotropium peruvianum* という学名で知られている。リンネウスが『植物の種』第2版(1762)でそう命名したのである。しかし、リンネウスはすでに1759年に、『自然の体系』という著作の第10版で *H. arborescens* という種を設立していた。どちらも同じ植物につけられた学名である。したがって、正名は *H. arborescens* となり、*H. peruvianum* は異名となる。

ある属が複数の属に細分されるかどうか(広義の *Pyrus* が狭義の *Pyrus* や *Malus* や *Cydonia* に細分されるような例)、あるいは、複数の属が単一の属にまとめられるかどうか(*Azalea* が *Rhododendron* に含められるような例)、ということは、命名の規

4　命名の規則

ヘリオトロープ（*Heliotropium peruvianum* = *H. arborescens*）*
（E. ステップ『Favourite Flowers of Garden and Greenhouse』1897 より）

則や規約の問題ではない。その規定は、分類群の細分や合一がなされるときの手続きを提示するものである。分類群をどう扱うかということは、研究者の判断の問題である。

同様のことは、種に関しても言えるだろう。ドイツのレーゲルは、*Lonicera Alberti* というトゥルケスタン産のスイカズラ属の1種を記載した。アメリカ合衆国のレーダーは、その種は *L. spinosa* と命名された種と特に異なるものではないと考え、それを *Lonicera spinosa* var. *Alberti* として、変種とみなした。スイスの植物学者ドゥ・カンドル (A. P. de Candolle) は野菜のコールラビを *Brassica oleracea* var. *caulo-rapa* と命名した。イタリアのパスクアレはコールラビを独立した種として認め、*Brassica caulorapa* と命名した。以上のことからわかるように、分類群をどうとらえるかということは、研究者に認められた権利なのである。

すでにおわかりのように、ある植物の種をどう特徴づけるかは個人の判断や決定に委ねられることである。たった一つの所見が異なるからといって、分類群をいたずらに弄ぶわけではない。ふつう、分類学者は、特徴におけるいくつかの違いの組み合わせを目安としている。すなわち、種子の莢の形といった一つの特徴があるとすれば、それがほかの特徴（たとえば花や葉や生態などに関するもの）と関連して考慮されなければならない。そのようにして、はじめてその植物が独立種であると言えるのである。傾向としては、新種であると決める前に、分布、生態、生息場所などの点でも検討を加え、植物を包括的にとらえているようだ。種の違いを検討するために、2、3年前に比べて、より多くの情報が入手可能である。近年は、染色体に関しても参考となる情報が提供されている。染色体は、細胞の核のなかにある物質で、細胞分裂の際に顕微鏡下で観察されるものである。染色体の数は、これまでわかっているかぎりではいず

れの種においても普通は一定している。染色体情報は、分類学者の歓迎するところであるが、染色体の性質のみを種の設立基準とすることは、説得性に欠けるであろう。もちろん、私たちは、研究から得られる種や属の新しい概念を受け入れる用意はいつだってある。目下、細胞学（cytology）の分野は大きな進歩を遂げつつある。

　ある自然属の設立基準をどうとらえるのかという考え方の上で、一般に二つの立場があると思われる。一方は、関連する植物群を一括してとらえ、属を大きくとることを好み、他方は、それぞれの植物群に属名を与え細分することを好む。カラント類とグズベリー類が、現在にいたるまで広く受け取られているように、スグリ属（*Ribes*）という単一の属にこれからも一括されるか、*Ribes*（カラント類）と *Grossularia*（グズベリー類）に細分されるかどうかは、もっぱら今後の研究者の選択、すなわち、またしても属の範囲がどうとらえられるか、ということにかかっている。細分するにせよ統合するにせよ、その権利が否定されることはない。栽培家にとってみれば、なぜ意見の一致が見られないのか不思議に思うところであろう。確かに不思議である。私たちは、政治でも芸術でも、経済でも、宗教でも、意見の一致をみることはある。だが、より大きな代償を払ってきたことでもわかるように、すべての人が精神を一つにするということは、望ましいことではない。だがしかし、それにもかかわらず、ある分類学上の疑問が未解決のままいきつくところまでいったとき、私たちの後継者は、いまはどうとも判断しきれない第二義的な意見にそろって賛同するかもしれない。

　先に命名された種名が、新しい属名で記載されるとき、「新組み替え名」と呼ばれる学名が生じる。たとえば、もし、自生のブドウが二つの属、すなわち、*Vitis* そのものと *Muscadinia* からなると

みなされるなら、*Vitis rotundifolia*（栽培品種の Scuppernong が属する種）の *rotundifolia* は *Vitis* から離れ、*Muscadinia rotundifolia* として新組み替え名がつくられる。名前の移動は、属から属へ、種から変種へ、変種から種へ、研究者やその詳しい研究にともないながら起こり、多くの新組み替え名が生じる。命名法、すなわち正しく名前をつける行為によって、命名者の解釈に沿いながら、自然界の諸事実が表現されているわけなのである。

先取権の原則を厳密に適用するあまり、属の命名法における不都合な変更を避けるため、国際植物命名規約には、すべてに優先して保留されなければならない属名のリストが掲げられている。その保留名は、属名の出版に続く50年間に一般的な使用にいたったもの、あるいは、1890年までにモノグラフや類似論文で使用されてきたものが、優先的に指定されている。そのような多数の保留名（nomina conservanda）の長いリストが、1905年に定められた国際規約の附録としてつけられており、それより短いリストが1910年の国際会議の結果として掲げられている。

園芸植物の命名法に関するかぎりにおいて、国際規約とアメリカの規約との間に見られる、おそらく最大の実際的な違いは、保留名にあるだろう。たとえば、国際規約にもとづくと、リンネウスが1759年に命名した *Zinnia* は、*Crassina* Scepin, 1758 に対する保留名（nomen conservandum）となる。同様に、*Carya* は *Hicoria* に対して、*Ardisia* は *Icacorea* に対して、*Shepherdia* は *Lepargyrea* に対して、*Desmodium* は *Meibomia* に対して、*Dicentra* は *Capnoides* に対して、*Smilacina* は *Vagnera* に対して、それぞれ保留名となっており、まだまだリストは続く。

保留名があるからといっても、研究いかんによっては、廃棄名

（nomen rejiciendum）が生きてくることもある。その点における好例が、ヤシ科植物の属名である *Chamaedorea* Willdenow, 1806 に対する廃棄名 *Nunnezharia* Ruiz & Pavon, 1794 である。前者のヴィルデノウが命名した属はヴェネズエラ産ヤシにもとづいて設立され、ルイスとパボンの属はペルー産ヤシにもとづいている。もし、研究が進んで、有能な研究者の意見によってそれぞれを別属とするに足るほどに、二つの植物群に明瞭な違いが認められれば、ペルー産ヤシにつけられた *Nunnezharia* という属名を保留することが許されるであろう。しかし、そうなったからといって *Chamaedorea* が廃棄されることはない。

　アメリカの規約と異なり、国際規約では、学名変更に際して、先取権の厳格な適用がとどめられる場合がある。属名と種の形容語が同一の語で学名がつくられるときである。*Catalpa*（キササゲ属）がそんな実例である。リンネウスは、アメリカインディアンの呼称にちなんでこの木を *Bignonia Catalpa* と命名した。1771年、スコポリはキササゲ類を別属としてビグノニアを分離した。そして、トマス・ウォルターが『カロライナ植物誌』を1788年に出版したとき、アメリカで普通に見られる種を *Catalpa bignonioides*（*bignonioides* はビグノニアに似た、の意）と命名した。厳格な先取権を適用すれば、最も古い種の形容語は属が変わってもその植物の学名に使われるので、この木の学名はこの場合 *Catalpa Catalpa* ということになる。国際規約はこのような反復名を禁じている。そして、このような場合には、*Catalpa bignonioides* がこの木の正名となる。その後、ジョン・A・ウォーダーが、アメリカ合衆国東部で別のキササゲ類を認め、*Catalpa speciosa* と命名した。

　こうした反復名のよく似た事例が、*Sassafras* という属に見るこ

とができる。ちなみに、この *Sassafras* については、すぐ後で言及することになろう。リンネウスはその通俗名にちなんでこの植物を *Laurus Sassafras* と命名した。アメリカの規約に則ると、もし *Laurus* から *Sassafras* に変更されると、この木の学名は自動的に *Sassafras Sassafras* となる。しかし、国際規約に則るのであれば、別の学名を当てなければならない。ほかの例をあげてみよう。*Malus Malus*、これはリンゴであるが、*Pyrus* から移された場合である。スイカの *Citrullus Citrullus*、ユウガオが *Lagenaria* のもとに移された場合の *Lagenaria Lagenaria*、ウィンター・クレスの *Barbarea Barbarea*、コケモモが *Vaccinium* から分離された場合の *Vitis-Idaea Vitis-Idaea*。

　新種の発表は、科学雑誌、会報、専門書、寄稿など一般に入手しうる印刷媒体でおこなわれる。公の会合での新種の口頭発表、公開している植物コレクションや庭園で、あるいは植物展示会などで新種名の提示をおこなっても、それは規約に沿ったものとして、あるいは植物学者に認められるものとしての発表とはならない。国際規約によれば、新種の最初の発表の際には、あらゆる国のその道の人が等しく理解しうるラテン語での記載が必要である。この条項は、1930年のイギリスにおける第五回国際植物学会議で再確認された。分類学者にとってラテン語は、決して死語ではない。しかし、その語彙に関しては、古典ラテン語とはたいへん異なるかもしれない。

　記載をともなわない新種名は、裸名（nomen nudum-nom. nud. と略記されることもある）であり、命名規約に沿った有効で合法的な名前ではない。よく植物のリストなどで、nomen と記されているのは、名前だけということである。したがって、支持されえない学名である。植物のリストやカタログ、あるいは雑誌などで、多か

れ少なかれ長く使用されてきた多くの名前は、この理由で捨てる必要がある。その場合、捨てられた名前につながる次の名前が採用されなければならないが、正規に出版されて、そのほかの点でも有効性が取り消されない、出版日の確かなものであるべきである。

Sassafras は1796年にソリズベリーによって *Laurus variifolia* と命名された。この学名は *Sassafras* に組み替えられて *S. variifolium* となった（リンネウスが用いた種の形容語を用いると禁じられた反復名になる）。しかし、ソリズベリーが命名した名前は裸名であり、したがって考慮に値しない名前である。1831年に命名された *Sassafras officnale* は優先順位からは二番目に位置するが、国際規約に沿う名前である。パイナップルはリンネウスの弟子の一人［イギリスのジョン・ヒル］によって1754年に *Bromelia comosa* と命名され、その種の形容語は現在の属名 *Ananas* に移されたが、それが裸名だったために、ずっと後の1830年にシュルツによって命名された *Ananas sativus* が現在汎用されている。［パイナップルの命名の経緯について著者に若干の混同があると思われる。『インデクス・キューエンシス』によれば、ジョン・ヒルによる命名は1764年で、それより早く *B. comosa* を1754年に命名したのはリンネウスである。したがって、現在パイナップルの学名は *Ananas comosus* が正名として用いられている。］

現在、多くの裸名が未検討のまま、園芸関係の文献に存在している。それらの裸名は、植物展示会で提示された名前、いろいろな会合での報告、植物の取引リストなどから派生し、汎用されるようになったものである。しかし、出版されたものではないので、出版の日附も確認できない。たとえば、アメリカ合衆国でボストン・アイヴィーとして知られ、イギリスでジャパニーズ・アイヴィーとして知られる植物は、長らく *Ampelopsis Veitchii* であるとされてきた。

だが、その学名は未出版の取引名であり、本来は *A. tricuspidata* の異名となるべきものである。とはいえ、裸名であっても、実際はどの植物を指しているのか見当はつくのであるが。したがって、この異名は *A. Veitchii* Hort. として引用されることになる。すなわち、この学名は園芸上のもの、という意味である。一方 *Ampelopsis* という古い属名は、同質的な植物群を表わす名前ではなかった。厳密な分類学的研究の結果、この属は細分されて、ボストン・アイヴィーは *Parthenocissus tricuspidata*（ツタ）になっている。

繰り返すようだが、一度正式に出版された種名や変種名は、当の命名者であっても変更してはならない。命名規約の言葉を借りれば、何人も学名を、それが植物にふさわしい名前ではないとか、気に入らないとか、別の名前のほうが好ましく、よく知られているからといって、廃棄したり、変更したり、修正したりする権限を付与されないのである。もちろん、その学名は後続の研究者によって採用されないかもしれない。だが、不採用というのは別の論理の話であって、形は変えてはならないのである。

さらに、学名の原綴りも、明らかな印刷上の誤植による誤りでないかぎり、留保されなければならないのである。たとえば、語源的な誤りがあるからといって訂正してはいけない。つまり、学名は文学ではなく植物学用語なのである。その好例が *Penstemon* である。この属名はふつう *Pentstemon* と綴られる。ところが、リンネウス以後、この属がはじめて記載された文献では *Penstemon* となっていて、この綴りが好まれているようだ。リンネウスはこの植物を記載するにあたり、その属名がすでにあることを知りながら［ジョン・ミッチェルの *Pentstemon*］、*Chelone* という属名のもとに分類した［*Chelone Pentstemon*］。この属名が「5個の雄しべ」を意味するかぎりにおいて、*Penstemon* という綴りは言語学的に正しくな

いそうである。「Pent-」は「5個」を意味する接頭語であろう。しかし、*Pentstemon* も正確ではないのだ。語源学的に正しい綴りは *Pentastemon* である。そこで、最近この *Pentastemon* が使い出された。この場合、最も単純な解決方法は、命名規約に従うことである。最初の綴りはどれか、ということである。もし、すべてを言語学的な観点から正していこうとすると、膨大な学名が変更を余儀なくされるだろう。それでも、多くの場合に、意見の一致を見ることはないと思われる。

園芸上の実際問題にからんで、命名規約の条文で最もやっかいなものの一つが「同名（homonym）にかかわる規定」である。植物学的用法において「種の同名」とは、ある属のもとで同じ形容語をもつ学名がすでに使用されている、ということである。テキサス産の野生モモにトリーが *Prunus glandulosa* と命名したことが、この例に当てはまる。*glandulosa* という形容語は、すでにツュンベルクが *P. glandulosa* として使用しており、トリーの学名は採用されえないのである。「同じ属において、2種の植物が、同じ形容語を用いてはならない」と命名規約にある。

にもかかわらず、学名の不必要な変更を避けるために、最初に採択された国際規約では、「より早い同名があっても、それが広く非合法名としてみなされている場合」は後続の同名が廃棄される必要はない、と規定された。ここでいう、非合法名とは、つまり、名前として生きていなかったり廃棄されたり、正式に命名あるいは出版されていなかったり、そのほかともかく現実に使用されていない学名である。しかし、アメリカの規約では、例外が認められていない。すなわち「先行の同名があれば後続の同名は廃棄され」、種の同名は、同属のもとで別種に対して出版された名前である、と定義され

ている。この規定は、現在では、国際規約に取り入れられている。

園芸的見地からすると、この規定の運用にともなう困難は、多くの汎用名が、単に使えなくなってしまうということだけではない。たぶん、それに代わる古い聞き慣れぬ学名が同じ属のなかで見つけ出されて、用いられるはめにもなる。さらに、種名の変更にともなって、栽培種（cultigen）の名前の数だけ、学名における属名と種の形容語の新しい組み合わせをつくらなければならないことになる。その結果、引用や文献も繁雑になり、いいところがない。たとえば、ダグラス・モミにまつわる複雑な事例がある。この場合などは、重要な植物の名前は同意のもとに標準名として認め、将来的にも変更されないようにしてほしい、という園芸側の要望を肯定する例だろう。

学名の表示を正確かつ完璧にするつもりなら、そして出版の日附を確認するためにも、その学名を最初に出版した著者の名前（命名者名）を引用することが必要である。たとえば、*Parthenocissus quinquefolia* Planch.（バージニアヅタ）とあれば、ある特定の植物を指す二名式学名が、プランションの命名にもとづくことを意味する。命名者名をつけるのは、簿記の一型とも受け取れる。

命名者名がつくとはかぎらなかった場合もある。リンネウスは命名者名を引用しなかったし、彼の著者名への言及は引用文献に対するものだった。リンネウスの『植物の種』を増補改訂して多くの巻数からなる第 4 版（リンネウス自身がかかわったのは第 3 版まで）を出したヴィルデノウに関してもそうだった。したがって、第 4 版に載る *Monarda fistulosa*（北アメリカ東部のヤグルマハッカ）に命名者名は附されていない。もちろんリンネウスの命名による学名である。植物の記載はより厳密になり、文献も増えているので、学名命名の歴史を正確にたどることは大切なことである。命名者名は、

植物学や園芸学の本に載る学名のすべてに引用されるようになっている。

　この命名者名の引用は、現在さらに厳密性が付与されている。たとえば、バージニアヅタをリンネウスがはじめて記載したとき、*Hedera quinquefolia*（*quinquefolia* は 5 枚の葉をもつ、の意）と命名した。最初の記載と、他属への組み替えという二つの事実への手掛かりを示すために、いまでは *Parthenocissus quinquefolia* (Linn.) Planch. と記すのが慣行となっている。括弧内に示された人名は（例示の命名者名の引用形態を二重引用 double citation という）、その植物を分類群としてはじめて認めて学名を付した命名者の名前である。国際規約ではこのような命名者名の引用について、「最初の命名者の名前は括弧でのみ引用されうる」と規定されるが、アメリカの規約のほうは「最初の命名者の名前は括弧で示すべきである」と、もっと強制的なニュアンスで規定されている。

　この命名者名の引用は、もちろん植物学的あるいは類似の著作では重要なこととみなされている。しかし、一般大衆、園芸家、自然愛好家といった人々は、そのような命名者名の引用を意識しなくともよいだろう。むろん、学名の変遷を問われるときには、それらが意味することを知るべきではあろうが。何がなんでも命名者名は必要だということになると、一般的な著作でも記すという杓子定規に陥り、二重引用も辞さないということになる。二重引用における附加的な要素は繁雑さのもとになり、読者にとってあまり意味のあることではなく、ややもすると気楽な読書の楽しみを奪うことになるかもしれない。一般的な著作では、学名を記す場合は読者の嫌気を誘わないようにすることが大事で、そうすれば、学名のもっている価値がさらに広く認められることになるだろう。そして、それには、簡潔な提示の仕方が求められるのである。

したがって、植物そして園芸植物の命名法の全般にわたる内容は、国際組織や植物の分野別の学会において、徹底的に検討されている。国際植物学会議の常任委員たちは、会議の合間をみて命名法に関する討議をおこなう。命名法にかかわる現在の組織は、7人からなる執行委員、4人からなる編集委員、61か国［本書の原著出版時］を代表する一般委員と職権上の資格をもつ委員たち、植物界の主要な下位区分にかかわる8人の特別委員からなる。

　もし、栽培家の方で、本書をここまで我慢して読んでくださったなら、少なくとも園芸植物（栽培植物）の命名法についての説明を期待されていたからにちがいない。さて、それを述べるときがきた。栽培植物は、その命名法において、野生植物と分けて考えることができないのは当たりまえである。なぜなら、栽培植物といえど、もとは野生植物であるし、いまでもたぶんどこかに野生しているであろう。さらに、属の命名法も、栽培植物に関する内容と野生植物に関する内容に分けることはできない。たとえば、北半球に分布する *Astragalus* は数百種からなる大属で、その多くの種は観賞価値に富んでいるが、ほとんど栽培されることはない。当然ながら、そのなかのいくつかの幸運な栽培種のために別の命名体系を用意することはありえないことである。繰り返すが、命名規約は、新種が発見されたときに、規則に則った命名を促すために存在する。新種というのは、その多くが早晩栽培されることになる。そして、すべての種の名前は、古いものも新しいものも、その規則に従わなければならない。

　しかしながら、種には園芸品種（栽培品種）というものが生まれてくる。そして、雑種というものも存在する。これらは、二名式学名を主眼においた規則では対応しきれないだろう。国際規約もアメ

4 命名の規則

リカの規約もともに、雑種の命名法については規定を設けていて、前者は「品種と雑種」の名前に関する包括的な記述を載せている。

　第二回国際植物学会議は、1910年にベルギーのブリュッセルで開かれた。そのときに、イギリスの王立園芸協会をはじめとする類似諸団体を代表して、一つの分科会が園芸植物の命名法を討議した。その結果、16条項からなる一定の栽培植物命名規約がその会議で採択された。その第1条には、園芸植物の命名法は、「種とその上位分類群の名前に当てはまるものであるかぎり」、ウィーン会議で採択された植物命名規約にもとづく、とあるが、ブリュッセル会議では、園芸品種と栽培雑種を考慮においた修正条項と附帯条項が採択された。雑種に関する規定は省略するが、その宣言は以下のように手短にまとめられるであろう。園芸品種を命名するにあたって、それが属する完全な種名が示されなければならない。もし、園芸品種の特性が nanus とか fastigiatus というような形容語で表現されなければ、ラテン語は園芸品種名に用いてはならない。そして、ラテン語の固有名詞の使用は禁じられる。園芸品種の名前はローマン体（立体文字）で印刷されなければならない。そのような品種名がほかの言語で書かれるとき、それを翻訳して示してはならない。園芸品種名は一単語、多くても三単語以内で示されるべきである。園芸品種の記載を日附のはっきりしたカタログで出版するのは合法であるが、記載なしに園芸品種名のみをカタログや展示会報に記すことは合法な出版とは認められない。園芸カタログで出版された新園芸品種の記載は、定期的に発行される園芸学雑誌にも掲載することが望ましい。合法的な出版とするために、新園芸品種や新雑種の記載は、ドイツ語、英語、フランス語、イタリア語、あるいはラテン語のいずれかの言語で書かれなければならない［現在では言語の種類は問われていない］。

園芸植物の命名法は、植物命名規約との共通の基盤にもとづいて、現在、最近 2 回の国際園芸学会議により設置された常設委員会に委ねられている。この委員会は、学名に関して、そして、園芸品種名に関しても判断を下していくだろう。先取権の観点から、保留された属名の予備的なリストが印刷されている。1930年にイギリスで開かれた第九回国際園芸学会議の報告書は、王立園芸協会によって出版されている。

　北アメリカでは、園芸植物の命名法の重要な規則が、特定の関係植物の団体により採択されている。長く使用されている顕著な規約は、果樹に対するアメリカ果樹園芸学会のものと、野菜に対するアメリカの大学と実験農場の合同命名委員会のものである。園芸品種の登録機関もまた名前の保護にそなえているが、ただし、それは命名のためではないだろう。

　1910年にブリュッセルで採択された規約の最も重要な部分は、最初の条項にある。すなわち、園芸品種を命名するにあたって、それが属する種の学名を省略せずに示さなくてはならない、と明記している点である。これは、種と園芸品種との区別を明確に認識しなければならない、と言っているのである。現在、そのことを意識する人は少ないが、この基本認識をもたなければ、命名法の主旨を理解することはできない。種の形容語をまったく省略し、その属名に続けて園芸品種名を記す、ということがよくおこなわれている。私の手元にある園芸植物のカタログには、*Prunus grandiflora* が載っている。しかし、そういう学名の種はないのである。たぶん、それはサクラ属（*Prunus*）のある種に属する品種であろう。また、アザレア類の種や変種の名前も、すべて同じ分類階級のものであるかのように、いっしょくたにリストアップされている。これでは、読者は、それらの植物の分類上の位置を知ることができない。このよ

うなことが起こるのは、株を繁殖して売る種苗家のせいではないだろう。彼だって、入手時に附されていた名前を、そのまま受け取ったに過ぎないのだ。しかし、入手経路のどこかで、名前が厳密な意識もなく不正確につけられてしまったのだろう。おそらく、ほぼもとからいい加減だった、というところではないだろうか。

　園芸家は、植物の命名法のむずかしさに不満をもっている。非常に、といってもよい。ここに混乱が起きる一つの理由があるといえる。園芸品種と種をごっちゃにして命名している以上は、安定した命名法を求めても無駄である。直前に言及したようなラテン名を与えられた園芸品種をどう扱うかという問題は、権威のある園芸団体による慎重な検討が必要である。園芸品種は、栽培家にとっては、種そのものよりもはるかに重要な意味をもつと思われるが、だからといって、命名法に混乱を来すもとになるのはよくないだろう。

　しかし、言わせてもらいたいのだが、種の形容語を省略することが許される例外があるのではなかろうか。つまり、ある植物について、分類上の異論がある場合である。たとえば、園芸的に利用される美しいランに *Cattleya gigas* があるが、1873年にリンデンとアンドレによって種として正式に記載された。ほかの学者は、それを多型的な種の変異の一つとして、*C. Warscewiczii* や *C. Luddemanniana* なども変種にしたように、やはり *C. labiata* の変種とみなした。そうかと思うと、また別の学者は、*C. Warscewiczii* を独立の種として認め、*C. gigas* はその変種であるとみなした。そのようなわけだから、ラン栽培家が、もともとの *C. gigas* を保留したってよいだろう。その植物を、明瞭な特徴をもつ種というよりは、変種とみなすほうが妥当だとしてもである。このような例はよくあることだ。ともあれ、混乱が生じないように、規約に反しなければ、許されることだろう。

園芸植物に関する別の部類の事例を述べよう。それは、どちらかといえば前章で扱ったような同定の議論にかかわる問題である。それをあえてここで述べるのは、命名規約だけでものごとがすべてかたづくわけでないことを再確認したいからである。私はナデシコの類が大好きである。種子や挿し木で、今までに *Dianthus caucasicus*、*D. cruentus*、*D. erythrocoleus*、*D. graniticus*、*D. procumbens*、*D. Sternbergii*、*D. strictus* を育てたことがあるが、これらはすべて、そう呼ばれた植物そのものではなく、*D. deltoides*（ヒメナデシコ）だった。もちろんヒメナデシコも大好きな植物であるが、ともあれそんなにたくさんの名前の真偽を確かめる機会をもてて嬉しかった、と言ったら嫌味だろうか。

　さて、偶然というか、これらすべての *Dianthus* の種名は、それぞれ独立の種を表わしている。では、どうしてそのようなことが起こったのか。ヒメナデシコは耐寒性のある丈夫なほふく性の植物である。よくあることだが、栽培場で複数の種からなるナデシコ類が一か所にかたまって植えられていた。そのうちに枯れる種が出てきて、丈夫なヒメナデシコだけが残り、これがほかの種も植えられていた場所を占拠したのである。そして、名札をつけた棒だけが残ったというわけだ。ほかにも、*Thymus*、*Veronica*、*Campanula*、*Sedum* などの植物で同様の経験をしたことがある。その経験からぜひ栽培家に言っておきたいが、同じ属の複数の種の植物を一か所にかためて植えないことである。

　園芸家は、命名法にかかわる問題に対処する場合、それを過度に重要視し過ぎているというか、怖いものだと思い込んでしまう傾向がある。あるいは、規則や規約に過度のことを期待しがちでもある。植物の名前に関して、私たちが対面する最もむずかしい問題の多く

4　命名の規則

は、前章でも述べたように、規定では解決しえないのである。そのことを忘れないためにも、ほかの事例も考察していこう。

　重要な栽培植物の場合、その多数の園芸品種名を扱うのはとてもやっかいなことである。リンゴ、モモ、ナシ、ジャガイモ、タマネギ、あるいは、ダリア、スイートピー、キク、イチゴなど、何千も何百もの品種が知られている。その名前の多くは、同物異名であろう。すなわち、同じ種類でありながら、複数の、ときには1ダースもの名前をもつ、ということである。このような同物異名を整理し、正名のみを権威あるリストに載せることが望ましい。綿密な検討を加えることで、このような同物異名は発見できるが、ときには、試験地における広範なテストを要する場合もある。こうした証拠の集積にともない、同物異名は廃棄されるだろう。命名規約は、名前の整理を適切におこなうために必要とされるが、問題は同定にある。

　ある地域の植物相や、一定のグループの植物を扱った著作の新版では、名前の変更がなされることがある。たいていの場合、こうした変更は、植物の同定に関する最新の知見が反映された結果で起こる。最近の印刷物の例をあげてみよう。植物は、いわゆる「チャイニーズ・エヴァグリーン」とか「チャイニーズ・ウォーター・プランツ」と呼ばれているもので、近年導入されたらしいがその詳しいいきさつは不明である。いまや室内植物として欠かせないものとなっているこの植物は、明らかにサトイモ科の植物であるが、導入されたころはしばらく花をつけなかったこともあり、属名はわからなかった。そして『Hortus』(園芸植物事典) では *Aglaonema simplex* として紹介された。いまでは各地でその花が確認されているので、*Aglaonema modestum* と同定されている。これは、命名法における問題でもなければ、規約に反するかどうかの問題でもない。*A. simplex* も *A. modestum* も、マラヤ産の2種を表わす合

法名である。だが、知るかぎりでは、わが国では *A. modestum* だけが栽培されている。したがって、この場合は誤同定の事例であり、次の『Hortus』の新版では正されるべきである。このようなことはすべての部類の植物によく生じている問題である。だから、もし訂正がおこなわれなければ、私たちが問題を見過ごしているということになってしまうだろう。

植物の名前が変わるのは困るなどと言い出せば、ほかの分野の人たちから雨霰のごとき反論を受けるはめになるだろう。人の名前はとりわけやっかいである。結婚、再婚で名前が変わるのはもちろん、ペンネーム、芸名、父方や母方の姓の組み合わせ、ミドルネームの強調、肩書きの授与による変更、そして、人それぞれの理由による変更などきりがない。でも、私たちは不満を言わない。あらゆる科学の用語法も命名法も、芸術や産業でも同様であるが、前世代の短い間に急速に変化し、発展してきた。たくさんの新しいものが絶え間なく現われるのは、健全な世界であるにちがいない。

会議が開かれ、規約をつくり、委員会をもったからといって、植物の名前は完全ではありえない。それらは整理されるかもしれない。だが、名前の変更の多くは、命名法の規則や規約の及ばないところにある。リンネウスは *Pyrus* という属を設立した。これはナシ、リンゴ、マルメロなどのナシ状果を含む名前だった。フィリップ・ミラーはその中からリンゴを分離し、*Malus* という属を設立した。この分離はなかなか認められなかったが、いまでは多くの学者により是認されている。この場合新しい名前は、分離によって生じたものである。ある例では、わが国の東部に分布するクラブ・アップルは *Pyrus coronaria* とされるが、一方では *Malus coronaria* とされる。ある場合にどの属に分類するかは見解の相違である。その見

4　命名の規則

解は植物そのものの研究にかかわるもので、規約の検討にかかわる問題ではない。何人も、いかなる団体も、調査研究にもとづく見解に干渉しえないし、また、すべきではない。生物学的な問題であり、科学的発見は自由な解釈をともなうものである。

　私が植物の研究をはじめたとき、*Antennaria*［キク科植物］には2種が知られていた。この植物は趣のある小形の永久花(エヴァラースティング)で草原に生え、いまではグラウンドカバー（地被植物）にされたりしている。その2種とは *A. margaritacea* と *A. plantaginifolia* であるが、前者はすぐに *Anaphalis* という属に移された。私もそれは妥当な見解だと思う。本来の *Antennaria* については、現在約12種の植物がわが国［アメリカ合衆国］に認められている。私たちはそのときからずいぶんたくさんの知識を得たことになるし、国中を探検してきたことにもなる。野外調査でも、そのほかの例に漏れずより厳密におこなうようになっている。*Antennaria* のこれらの種はすべて命名されなければならない。規約がその作業を妨げることはできない。新しい知識は記録されなければならないのである。

　野外調査はかつてに比べると、より広範に、より徹底的に、より専門的に、ゆえにより有用で好ましいものになっている。私たちは、ずっと見過ごされてきたものを見出しつつあるところだ。よくわかっていると思われている種を再検討している。その結果、最終的な意味合いでは何も理解していないという思いをますます深めている。私たちが獲得した知見の多くは、将来的に見直されることになるだろうが、望むところである。私たちの世界は、知識に関するかぎり、まだまだ未熟である。

　野外研究は、生物学的に最高の興味と重要性をそなえた課題である。そのなかには、地形学、生態学、そして、どう言ってよいかわからぬ多くのことが含まれている。いかなる植物の分類群も、少な

くとも25年おきに再研究される必要がある。私たちが現在、サンザシ属、キイチゴ属、キビ属、バシクルモン属、ヒルムシロ属、アヤメ属などについて知っていることは、25年前に所有していた知識とは比べものにならないほどのものがある。

　自然はいかなる拘束も受けない。植物は変幻自在である。彼らは、しばしばまだ不明の理由で変化する。私たちは、人工的なボタン一つをとっても、その材料、製造機械、それを欲する人々などを始終コントロールできないのであるから、自然相手の命名法で不変を望むのは無理である。名前の変化を望まない人は、失望しないためにも即刻考え方を改めるべきである。

　まだ眠らずに本書と付き合ってくださっているならば、分類学者は名前を弄ぶ人種ではない、ということがもうおわかりかと思う。彼らの発見は、化学者、物理学者、経済学者、考古学者、あるいは哲学者たちのそれと同様に、大いに賞賛されるべきものである。名前は探究の後に生じる。そして、名前は、正しい規則的手続きを経てつけられる。だが、名前は必要があるから生じるのであり、命名の規則は後からくる。

　このことは、二名式学名が混乱しているということではない。命名行為が規定に沿っておこなわれ、命名に付随して記載が残されるときに、全般的な混乱などはありえないことである。ときに込み入った複雑な場合もあり、最も厳密な規則とはいっても、過去の複雑な諸事例との兼ね合いを図ったり、自然界の非常に変わりやすいものと相対するに際し、その適用については意見の相違があるかもしれない。有効に機能しうる命名規約の適用にあたっては、専門的知識が要求され、経験を積まなければ十分に理解することはできない。つまり、その適用は専門家に委ねられなければならない、ということである。その規定が提示するものは興味深い命名体系である。

ただし、その体系自体が、満足の得られる研究対象となる、という意味で興味深いのであるが。

　学名を、統一的でわかりやすいものにすることは、当然ながら望ましいことである。それが、規則や規約によって達成しようとしていることなのである。たぶん、今後、規約の適用による学名変更は、過去25年間に見られたほど大きなものではないだろう。究極の学名の安定を図る意味で、1904年と1905年に採択された命名規約を実施することにより、多くの急激な変化をともなうことになったのは止むをえない。生物学的な研究にともなう学名の変更は、これからも当然起きるだろう。それは学問の発見と進歩を記録することにつながるからである。変化を恐れるべきではない。変化は、活性への刺激剤である。

　現在、命名規約が統合されていないとしても、それでも、新種を発見しそれを命名記載する行為とともに、命名法の目的は実現する。おそらく、このことが、私たちの目指そうとするところなのであろう。命名法は、それだけで独自に存在するものではなく、植物の研究に付随するものなのである。

　二名式学名が、権威ある正規の手続きに従って命名される一方で、そうでなくとも、明確な団体に所属する人が、一定期間の取引目的で使うような名称を採用するのは、規約に反することではない。これは、命名法の問題というよりは、便宜上の問題である。

　熱心な植物の栽培には、その植物の知識が必要である。また、気候、土壌、種子、管理、施肥、病気、害虫の知識もいる。研究や経験によって、こういった事柄を知ること自体が楽しいものである。何事も最新的であるのはよいことだ。園芸家はまた、熱意をもって学名の理解に努めるべきだろう。学名に対する関心を高めるために、

実践や読書を通して十分な知識を得ることはむずかしいことではない。それが、学名に対する恐怖を克服する方法である。どうしたって、これからも学名と向き合っていかなければならないのだ。生物の種類を表現するもの、すなわち学名は、問わずともそれ自体の分類的位置を語りかけてくる。そのことによって、庭や野原が単なる景観ではなく、新鮮な意味を帯びたものとして現出する。

5 学名の話あれこれ

ブラックベリー
（ジェラード、1633）*

　園芸家の関心を引く問題として、植物がどのように名前をもつにいたったのかについて、もう少し事例を述べておこう。栽培植物の学名はいずれも、それなりの歴史をもっているからである。

　温室内の美花の世話に没頭したり、完璧なまでに均一に育てられた株で埋め尽された広大な栽培場に気を配りながら、作業に打ち込んでいる栽培家にとって、また、花市場の仲買人あるいは公園や私庭園の管理者にとって、さらに、小さな庭をできるだけよく見せようと一生懸命な日曜園芸家にとって、果樹栽培家や花屋にとって、本書の内容は、遠い国のやっかいで退屈な、生きた物とは何の関係もないことのように思われるかもしれない。彼にとって、神秘的なラテン語で書かれたかび臭い古本や、学名命名に関する一連の規則や、学名にまつわる複雑な謎や、標本棚に隠された枯れた植物は、どんな意味合いがあるのだろうか。

　そう思うならそれでよい。さらにほかの例を考察しよう。しかし、それに先立って、園芸植物の命名が、命名法にまつわる問題のなかではごく小さなものだということを言いおいてもよいだろう。たぶん、植物園は別としてこの時に一般に栽培されているのは、現在知

カスパル・ボーアン（1620）のジャガイモ図。
この年、イギリスの清教徒たちがプリマスロックに入植した。

られる全植物の1％以下であろう。そして、順化されているものはさらに少ない数である。世界の主要食用植物は、せいぜい100種ぐらいだ。

そのうえ、1932年のたいへんやっかいな学名変更は、1950年以後の変更にかかわることにはなるまい。なぜなら、そのときまでに、その変更が広く認められていると思われるからである。私たちの後継者たちは、学名よりなおやっかいな困難を経験するかもしれない。

ジャガイモは1753年の最初の命名から、学名は *Solanum tuberosum* である。リンネウスは、カスパル・ボーアンの Solanum tuberosum esculentum を引用している。カスパルは、1620年に出版した『Prodromus』（植物集覧予報）で図版（エングレーヴィ

5 学名の話あれこれ

ロバート・モリソン（1699）のジャガイモ図。
上書きは C.B.P.（カスパル・ボーアンの『Pinax（植物集覧）』）と、
『アイシュテット庭園』にある *Papas Perruanorum* への言及である。

ング―別掲参照）を添えて広く植物の記載をおこなった人物である。リンネウスが引用しているように自著『クリフォルト庭園』にもジャガイモの記載がある。それらの記載の一つが、1699年にオクスフォードで著者の没後に出版されたロバート・モリソン著『Plantarum Historiae Universalis Oxoniensis』（オクスフォード植物誌）の第3巻に引用されている。そのモリソンの著書に載った Solanum tuberosum esculentum の図版を別に掲げておいた。その図版

を見るとボーアンの生態図との類似性がわかるだろう。リンネウスは『植物の種』で自らの所見も記しているが、塊茎をつけることについての言及はない。そして、たぶん、図に示された奇妙な塊茎を見るにつけても、その当時ジャガイモの有用性は大きくなかったのだろう。リンネウスはジャガイモの利用についても記していない。原産地はペルーと記しているが、これより前の1613年に、ベスラーはこの植物を Papas Peruanorum として記載している。

その原産地での呼称は、papas、batata、batatas などさまざまに表記された。そして、近代言語に取り込まれて、二度、芋をつける植物の学名に使われている。その一つはリンネウスが命名した *Convolvulus Batatas* で、おそらくインド原産と思われる植物である。たぶん、リンネウスはその植物の花を知らなかったと思われる。後に、ポワレがそれを、リンネウスが設立した属 *Ipomoea* に移し、現在知られているような *I. Batatas* となった。通俗名で言えばスウィート・ポテト(サツマイモ)である。1854年、ドゥケーヌはナガイモを *Dioscorea Batatas* として記載した。これは、中国産で、地下に長大な芋を形成するつる性植物であるが、北アメリカでは観賞植物として「cinnamon-vine」の名前で栽培されている。

ジャガイモの命名の歴史はそう込み入ったものではない。だが、その命名法にともなうむずかしさは、まさにこれからはじまるのであり、しかも、別の方向からくる。つまり、ジャガイモは1種なのか、複数の種からなるものなのか、ということである。私たちは、ジャガイモさえその同定について疑いを深めるばかりである。そして、その疑問はいま、野生型の分布状況はもちろん、遺伝学や植物病理学の観点から検討を加えられているところである。研究者たちは、最近、芋を形成するナス属植物の原種を発見するために、熱帯地方で野外調査を実施したばかりである。

この長く順化されてきた植物の正体を理解するにあたり、その細分化の方向性を示すものとして、ロシアのユゼプチュクとブカソフの見解（1929年）を紹介しよう。彼らは *Solanum tuberosum* を染色体の研究から次の複数種からなるものとして解した。

> *Solanum tenuifilamentum*
> *Solanum Juzepczukii*
> *Solanum stenotomum*
> *Solanum phureja*
> *Solanum ahanhuiri*
> *Solanum goniocalyx*
> *Solanum Rybinii*

古代から知られた主要作物は、リンネウスにより命名されているので、複雑な命名の歴史をもつものはほとんどない。したがって、近年まで、それらに関する詮索はほとんどなかったといってもよい。たとえば、イネ、コムギ、エンバク、ライムギ、トウモロコシ、バナナ、キャベツ、レタス、アルファルファ、ナツメヤシ、ココヤシ、ブドウ、エンドウ、タマネギ、ナシなど。しかしながら、最近、それらの主要作物に関する、変異や野生分布や遺伝情報の詳細な検討から、疑問が呈されるようになっている。つまり、それぞれがほんとうに1種とみなせる植物なのか、慣れ親しんできた学名が意味するのは1種だけなのかどうか、ということである。*Triticum aestivum*（*T. vulgare*）、すなわちコムギは、1種なのか、それとも、ヴァヴィロフをはじめとする関係者が遺伝的研究のもとに提示しているように、13種と解すべきなのか。後者であれば、もちろん、学名は増えることになる。古くから栽培されてきた多くの植物の学名が、生物学的研究の結果として見直されることは大いにありうることである。つまり、いままでにない複雑性が現出しているのであ

る。実際、私たちが命名法において経験した大きな変更のいくつかは、このことに起因するものだった。

　栽培植物のグループのあるものは、非常に交雑化が進んでいるので、ふつうに目にする種類がどの種に属するものなのか、ほとんどわかりえない。というわけで、ドイツの園芸学者フォスは、不明の交雑起源の球根ベゴニアを *Begonia tuberhybrida* と命名したが、ほかの植物グループでも同様の提案をおこなった。一般に流通しているグラジオラスも非常に交雑が進んでいるので、私は、そういうものをまとめて *Gladiolus hortulanus* と命名する必要があると思っている。カンナについても、二つの学名をつくる必要を感じている。すなわち、普通タイプの花型をもつものを *Canna generalis* とし、オーキッド咲きのものを *Canna orchiodes* とする考えである。言ってみれば、リンゴに対して *Pyrus Malus* と命名したように（リンゴは、それ自体がまた複数の種からなるものかもしれないが）、コムギに対しては *Triticum aestivum*、メロンに対しては *Cucurbita Melo*、ルコント-キーファー系のナシに対してはレーダーによる *Pyrus Lecontei*、ケアノッスの園芸交雑系統に対してはフッカーによる *Ceanothus Veitchianus* などと、ほかにもあげればきりがないが、そのようなものだといえるだろう。

　主要栽培植物の植物学的研究はほとんどなされていないし、より厳密に検討されるとかなりの学名変更を来すであろうことを、読者諸氏はご存じないと思う。たとえば、サトウキビの実体がわかっていなければ、それがわかったときには、聞き慣れない学名をもつかもしれない。

　古代に順化された植物の多くは栽培種（cultigen）である。すなわち、栽培下でのみ知られており、まだ野生状態では発見されてい

ないものである。たとえばインゲンマメ（*Phaseolus vulgaris*）がそうだ。また、トウモロコシ、バナナ、エンバク、ライムギ、サツマイモ、ナツメヤシなども同様である。また、ココヤシの原生地に関して確かなことはわかっていない。イエギクもやはりそんな例であり、学名がその歴史を物語るので、触れてみることにしよう。イエギクは、西洋では、どちらかといえば新しい導入植物といえる。東洋から紹介されたのは18世紀末のことである。1796年、イギリスの『ボタニカル・マガジン』に図示されており、その紫色の花が描かれた図から察すると、今日の耐寒性露地ギクの系統のように見える。ヨーロッパ人が中国と日本の港町で見出したとき、すでに長く栽培下にあって、改良されたものだったことを知っておく必要がある。おそらく、それは東洋で古代に順化されたものであろう。

　未開のアジアのキクのことは本草家（ハーバリスト）の知るところであり、リンネウスは *Chrysanthemum indicum* と命名した（ただし、その学名が意味しているようなインド原産植物ではない）。したがって近年まで、この方ずっとイエギクはその学名で知られてきた。この植物に関する多くの文献記事を探ってみると、その歴史や起源についてかなり論議されてきたことがわかる。しかし数年前、中国における野生ギクを見る機会をもったとき、イエギクの起源について肯定的意見をくだせるほど、それらの野生ギクについて十分な知識がないことを認識した次第であった。つまり、それは歴史的な問題ではなく、生物学的な問題なのである。私はその当時こう書いている。「中国で広く野生ギクが収集され、研究に供されるまでは、この問題についてさらなる憶測を重ねるべきではないと確信する」と。

　それより前の1914年に、私はイエギクに対して *Chrysanthemum hortorum* という学名を提案したことがあった。このような集合的

学名を命名した例として、栽培種（cultigen）のプラム（*Prunus domestica*）や、オレンジ（*Citrus sinensis*）も同様である。東洋のキクについては、私の前に二つの先行学名があった。1792年命名の *C. morifolium*（種の形容語は、クワに似た葉をもつ、の意）と、1823年の *C. sinense* である。これらの学名で記載されたものは、イエギクの野生型とみなされていて、したがって、*C. indicum* の異名となるか、さもなければ、*C. morifolium* は独立の種であって、現代のイエギクの系統を生み出した交雑親の一方（片親は *C. indicum*）だろうということだった。しかし、文献に書かれたことを再検討してみると、その両学名とも、導入された栽培ギクに命名されたものであり、固有の野生種ではないことがわかった。結局、栽培種（cultigen）につけられた学名の先行名が生きて、*Chrysanthemum morifolium* Ramatuelle が、現在知るかぎりにおいて、その栽培種の正名である。*C. sinensis* Sabine と *C. hortorum* Bailey はその異名となる。

C. indicum［シマカンギク］という学名は、それ自体が東洋の野生種を意味する名前として使われている。以上の経緯は、10年ほど前の論文で私が書いたことである。私たちが、イエギクの起源を完全に明らかにできたときは、この栽培種に別の学名（先行名であれば）がつくだろうし、交雑起源であることが証明されれば、今後も *C. morifolium* という学名が使用されるだろう。ともあれ、キクの栽培は続くだろう。

混乱にもとづく学名変更の好例は、キイチゴ類のブラックベリーである。この果物は、この100年ほどの間に野生種から栽培されるようになったもので、近年まで、確信をもってそれらの野生種の実体に言及することはできなかったし、いまだに、何種ぐらいが関係

しているのかはっきりしていない。ブラックベリーには、わかっているだけで、Lawson、Kittatinny、Snyder、Taylor、Lucretia たちのつけた学名があるが、起源種は何かということは、別の次元の問題である。

　この事例には二重のむずかしさがある。ブラックベリーについては当初から標本のような形の記録が何もなく、その野生種に関する知識がまったく混乱しているからである。キイチゴ類に関するわが国原産の主要グループの多くは、どれも混乱しているが、ブラックベリーがいちばんひどい。同様の例として、すでに述べた *Crataegus*（サンザシ属）があり、さらに *Rosa*（バラ属）、*Viola*（スミレ属）、*Agrimonia*（キンミズヒキ属）、*Brassica*（アブラナ属）、*Amelanchier*（ザイフリボク属）、そのほか前述したものも含めて数多くある。よく知られた植物のグループが、新種の追加や広範な野外調査をともなって再検討され、新しい学名が導入されると、そのことをはじめて知らされた人はびっくりする。だが、化学者が新しい元素を発見し、あるいは、天文学者が新しい星を見つけ、または、物理学者が新しい原理を発見したとしたら、賞賛されるのである。クールターとローズが、40年以上も前に、セリ科植物の新種記載に挑み、属名を変更し、それまで知られていたその分類をひっくり返したとき、いかに関係者が混乱していたかを思い出す。だが、彼らは混乱させようと思って植物を発明したのではなく、自然界にあるものを見出したに過ぎない。変更は彼らのせいではないのである。

　私たちはいま、自生のブラックベリーの分類について整理しはじめたところであり、想像以上に多くの種のあることがわかっている。キイチゴ属（ブラックベリーとラズベリーと呼ばれる種群からなるグループ）は、北アメリカの植物相を構成する大属の一つである。

その大きさから、*Carex*（スゲ属）、*Panicum*（キビ属）、*Aster*（シオン属）、*Solidago*（アキノキリンソウ属）、*Eleocharis*（ハリイ属）、*Artemisia*（ヨモギ属）、*Quercus*（コナラ属）、*Ranunculus*（キンポウゲ属）などに比較されうるものである。私たちがキイチゴ属を知らなかったということが、状況を変えるのではない。栽培果樹の種類の重要な植物標本が多数現存している。それは40年以上も経つものであるが、それらを十分に検討できる力を私たちが有したときには、起源となった種を知る手掛かりとなる。このことが、現在の栽培植物の価値を変えはしないだろう。しかし、私たちはそれにより情報を入手し、自然の資源についての知識を増やし、今後の育種の成功を目論むことができるのである。

　バラはふつうの栽培種でも非常に交雑が進んでいるので、植物学上の命名法において、もとより混乱が見られる。栽培種の起源となった種をはっきりさせることは、むずかしい場合が多い。園芸家は、関係する野生種に言及することなく、栽培バラの種類をいくつかのグループ、すなわち、ティー、ハイブリッド・ティー、ハイブリッド・パペチュアル、ノワゼット、ランブラー、ブルボン、スウィート・ブライアーなどに分類している。バラ属は、変化に富み、広く分布しているので、自然の属としても分類のむずかしいグループなのである。

　本書のような性格の著作で、栽培バラの起源を議論することはあまり意味がない。その主題に関しては、権威をもって魅力的に書かれた本が必要である。しかも、従来のような歴史的観点ではなく、進んだ生物学的観点という、新しいアプローチで書かれた本である。そのような本があれば、栽培バラについての理解が非常にはっきりしたものになるだろう。

グラジオラスやカンナにおけるように、主要な花卉園芸グループを示すために、集合的な学名が考えられてきた。たとえば、ハイブリッド・パペチュアルを含むブルボン・ローズには *Rosa borboniana*、園芸品種の「アメリカン・ビューティー」が属するハイブリッド・ティーには *R. dilecta*、ノワゼット・ローズには *R. Noisettiana*、ポリアンタ・ローズには *R. polyantha*、ダマスク・ローズには *R. damascena*、ブリューアン・ローズには *R. Bruantii*、クリムゾン・ランブラーには *R. Barbierana*(ママ)、アター・ローズには *R. alba*、ペンザンス・ブライアーローズには *R. Penzanceana*、などがある。これらの学名は、野生状態では知られずに、長く順化、交雑、突然変異などにより更新されてきた栽培バラを指すものである。一方で、栽培バラの原種としてよく知られた野生種もある。中国産の *R. odorata* ［ボタンイバラ］はティー・ローズの原種であり、やはり中国産の *R. chinensis* ［コウシンバラ］はチャイナ・ローズ（ベンガル・ローズ）の、日本産の *R. multiflora* ［ノイバラ］はムルティフローラ・ローズの、中国産の *R. cathayensis* は同じムルティフローラ・ローズ（野生では際立った特徴を見せる）の、ヨーロッパや西アジアの *R. gallica* はフレンチ・ローズの、カフカスの *R. centifolia* ［セイヨウバラ］はキャベジ・ローズの、*R. Banksiae* ［モッコウバラ］はバンクシア・ローズの原種であり、あげようと思えば、まだまだある。多くの場合、栽培バラは、ラテン学名によって栽培家に知られるものではない。したがって、その命名法により解決される問題は、園芸品種名の標準化である。

「名前が何だっていうの？」とジュリエットが叫ぶ。「名前が変わったって、ローズと呼んでいるものなら同じ甘い香りがするわ。」いまなお、シェークスピアは、ローズが香らないわけがない、と認めるだろうか。なぜなら、私たちはほかにもその名前を知って

いるからである。しかし、ローズは真のローズであってほしいと強く願っている今日このごろである。すなわち、暖かい地方の庭や古い温室で「ブライダル・ローズ」と言われているものは、キイチゴ属の植物である［トキンイバラのことか］。私は、その植物の一重咲き型の、ラズベリーに似た果実を食べたことがある。

グロキシニア属は、一般で言うところのグロキシニアではない。どういうことなのか説明しよう。このような例を語るのに格好の材料である。

グロキシニア属の命名の歴史はシャルル・ルイ・レリティエ・ドゥ・ブリュテイユとともに始まる。この人物は1746年から1800年にかけて生きて、有名な分類学的著作を書いた。グロキシニア属の設立は1784年で、ブラジル産の1種 *Gloxinia maculata* にもとづいて記載されている。この属名は、ストラスブール近郊のコルマルに住んでいた医師で植物作家のベンヤミン・ペーター・グロクシンに献名したものである。私は、アメリカ合衆国内で、この種が栽培されているのを見たことがないが、熱帯アメリカには自生している。それは根茎をもつ魅力的な多年草で、高さ30cmくらいであるが横に広がる習性がある。厚く大きな心臓形の葉は観賞価値に富み、表面は多少とも紫みを帯びるが、裏面は淡色である。直立した茎に数個から多数の、深い鐘状の藤色の花をつける。花は有毛で、長さ2.5-3cmほどあり、葉状の苞にともなわれている。

前世紀の初期、別の植物がブラジルからもたらされた。それは、*Gloxinia speciosa* と命名され、1817年の『ボタニカル・キャビネット』（コンラッド・ロディギズ＆サンズ社発行の雑誌）にも図示され、その説明文は「ここに紹介する最も素晴らしい植物は、最近、南アメリカから導入されたものである。かの地は美花に満ちあふれた地域であるが、残念なことに、これまで文明社会から隔絶さ

5 学名の話あれこれ

グロキシニア・スペキオサ (*Gloxinia speciosa*)*
(『ボタニカル・キャビネット』1817 より)

れていた。しかしながら、このような宝が自由に手に入るときがすぐにやってくるであろう。もし、無知と野蛮の暗黒時代にあって、人類が互いに行使していた抑圧の行為がひとたび止むならば、すべての利益となり、友好的な取引の便宜にあずかれるだろう。それは、国々に計り知れない利益をもたらす源である」というものだった。私たちはいま、経済の時代にある。いまなお、より良きものを探しているところである。

この *Gloxinia speciosa* は、すぐに人々の注目を集め、色刷りの図で紹介された。その野生種の系統は、下垂する花序をもつものとして描かれているが、一方、それから派生した園芸品は、直立あるいは傾上する花序をもっている。このグロキシニアの現在の栽培系統の由来を、導入からの1世紀にわたって細かく調べていくのはおもしろいだろう。そうすれば、育種の技術を明らかにできるし、言われているような交雑が関係しているのかどうかもわかるだろう。現在手にしているグロキシニアは、習性の点でも、葉や花の点でも、第一級の鉢植え植物の一つである。

1825年のフランスの専門雑誌で、ボン大学のクリスチャン・ゴドフロイ・ネース・フォン・エーゼンベックが、ジニンギア属（*Sinningia*）を、ブラジルの植物にもとづいて設立した。この植物はヴュルツブルクの王立庭園の管理者 M. ヘラーが導入したもので、ボンの大学植物園で栽培されていたのである。そして、その種は *Sinningia Helleri* と命名された。属名は、ボン大学の庭師ヴィルヘルム・ジニンクへの献名である。

1848年、J. ドゥケーヌは、有名なフランスの園芸雑誌『レヴュ・オルティコル』で、リジェリア属（*Ligeria*）を設立した。属名は、農業や園芸に関する多くの著作があるルイ・リジェに献名したものである。ドゥケーヌはその際、ロディギズの学名 *Gloxinia speciosa*

をその新属のもとに移した。

　ベルリンのヨハネス・ハンシュタインが、マルティウスの記念碑的大著『ブラジル植物誌』にイワタバコ科に関する論文を寄稿したとき、三つの属名を保留し、ドゥケーヌにならってロディギズの学名をリジェリア属に移して *L. speciosa* とした。この論文記事はタイトル頁の日附から1857-1864年ということになる。

　イワタバコ科が、ベンサムとフッカーの共著『植物属誌』で再検討され、1873年に出版されたとき、リジェリア属ははっきり区別できる分類群ではないとして、ジニンギア属に含められた。その結果、*Sinningia speciosa* となり、この学名がいまも使用されている。

　以上の学名の変遷をまとめると次のようになるだろう。

Sinningia speciosa Nicholson, Ill. Dict. Gard. iv, 437（1888）.

　Gloxinia speciosa Loddiges, Bot. Cab. i, 28（1817）.

　Ligeria speciosa Decaisne, Rev. Hort. ser. 3, ii, 464（1848）.

　この命名の変遷については、交雑育種に貢献したとされる変種や植物に関するものも入ってくるが、とりあえず、温室性グロキシニアに直接かかわることではないので省略する。

　しかしながら、直前の学名集覧における正名と異名の関係は、決して確定的なものではない。有能な研究者が、もっと多くの材料を検討して、たぶん、より厳密な方法がとられるだろうが、さらに、世界的な視野で取り組めば、属や種の立て方に別の結論が出てもおかしくはない。すでにご存じのことと思うが、命名の前にまず同定あり、である。

　グロキシニア属については、約6種がメキシコからブラジルやペルーにかけて知られている。明らかなのは、唯一 *G. maculata* のみがよく栽培されていることである。ジニンギア属の方は、約20種が知られている。だが、そのなかで *S. speciosa* だけが広く栽培さ

れていると思われる。ともあれ、これらの2属は、高い関心が払われ園芸的価値も大きく、いくつかの種は園芸関係の文献にも取り上げられている。これらの植物は、栽培にあたり温室下での注意深い取扱いが必要で、腕のよい庭師の技術が要求される。そして、それらが、今日の園芸植物の標準化の波の中で栽培されないのは、とても残念なことである。

　レリティエを離れる前に、リンネウスが設立した多型的な属 *Geranium* から、*Peralgonium* と *Erodium* を分離したのはレリティエであったことを知っておいてもよいだろう。これは、彼がパリで1787-88年に出版した二つ折り判の大著『Geranologia』（フウロソウ類考察）で提示された。前世紀のはじめごろフウロソウ類（geraniums）に対する園芸的関心は大きく、定期刊行物などに多くの彩色図が現われたりしている。たとえば、ヘンリー・C・アンドルーズによる1805年の2巻本、ロバート・スウィートによる1820-30年の6巻本などがあるが、いずれもロンドンで出版されている。それから1世紀が経ち、私のテーブルの上には、クヌートが著わしたフウロソウ科についての分厚い専門書が置いてある。これは1912年にライプツィヒで出版されたものである。しかし、一般にゼラニウム（geraniums）と呼ばれているものがペラルゴニウム属の植物であるとしても、実際にはゼラニウム（geraniums）の名前で通っている。これは、リンネウス以前の時代から使われてきた古い名前であるが、ジニンギア属が一般にはグロキシニアで通用していることと同じなのである。言葉は、たちまち発せられ、そして失われていく音に過ぎない。しかし、それでも、1世紀、また1世紀と存続していく。

　アマリリスはアマリリスだとお思いだろうか。ときにはその通り

である。しかし、そうでない場合の方が多い。ここにまた別の話が出てくる。

アマリリスの事例は、グロキシニアと同様に、属の解釈に帰する問題である。当初、アマリリス属（*Amaryllis*）は、地理学上の知識が程度の差こそあれ定まらず、栽培植物の出所がほとんどわかっていない時代には、広い意味に解されていた。しかし現在、その属は1種（顕著な品種と系統をともないながらも）からなるものと解されている。その原産地は南アフリカのケープ州の沿岸地域で、学名は *Amaryllis Belladonna* である。レヴィンズは、近著の『ケープ半島植物ガイド』で、その種は「平地や低傾斜地の藪の多い場所に生え、野火の後に大量に花を咲かせる」と述べている。開花期は、2月から4月にかけて、と書かれている。ニューヨーク州イサカにおける私の経験では、夏の終わりから秋のはじめにかけて咲くのを観察している。観賞性に富む植物で、葉が出現する前に、褐色を帯びた赤黄色の花を密な散形花序につける。

リンネウスは、1753年の『植物の種』初版で、アマリリス属として9種を記載した。そして、1764年の同著第3版では、11種を記載している。両版とも、*A. Belladonna* はカリブ地方、バルバドス、スリナムの原産だとしている。フィリップ・ミラーはそれをメキシコ原産だと記している。1804年の『ボタニカル・マガジン』に *A. Belladonna* の記載があり、1712年にポルトガルからイギリスに導入されたが、原産地についてまだはっきりしていないと記され、だが「その植物の導入経路からすると、ブラジルの植物である可能性が濃厚だ」と解説されている。花色の淡い品種は、喜望峰から導入されたといわれている。原産地が特定されるまでは、かなりの年月が必要だった。1888年にニコルソンが出版した『図説園芸事典』でさえも、旧来の見解を踏襲し、西インド諸島を原産地としてあった。

それが喜望峰原産であると正しく記されたのは、ウィリアム・ハーバートが1837年に出版したヒガンバナ科（Amaryllidaceae）についてのすぐれた著作であった。彼は、その植物がマデイラに野生化しているとし、「おそらく庭から逃げ出したものだろう」と述べている。

　このベラドンナ・リリー（リリーといってもユリの仲間ではない）、すなわち *Amaryllis Belladonna* は、リンネウスが記載する前から、明らかに、広く栽培されていたようだ。その原産地については、ほかの多くの栽培植物の場合と同様に、あいまいに言明を避けるように記された。リンネウスは、*Amaryllis Belladonna* の記載に、メリアンの *Lilium rubrum* という学名を引用し、また、アルベルトゥス・セバの1734年の著作『Thesaurus』に図があることも引用から知ることができる。マリア・シビラ・メリアンの楽しい著作にも美しい図版が載っている。この著作は1726年にアムステルダムで出版されたもので、スリナム（蘭領ギアナ）産の昆虫、ミミズ、トカゲ、毛虫・芋虫、蛇、魚、植物、花、果実、ほかに関する研究報告で、すべてみごとな彩色図版をともなっている。その大著をテーブルの上に広げながら、私は、昆虫学者、爬虫類学者、植物学者、魚類学者、そのほか諸々の学者たることが必要とされる前に、そして、自然が生命を育む一光景として現出し、すべてが記録に値した時代に、彼女が経験したに違いない喜びに想いを馳せ、深い感銘を受けている。さて、このみごとな図版の第22図は、リンネウスが *Lilium rubrum* として引用したものだが、私が見ている版の図や本文にも、その名称が記されていない。それは、現在、私たちがヒッペアストルム属として認めている植物であり、明らかに、*Hippeastrum puniceum*（または *H. equestre*）である。1804年発行『ボタニカル・マガジン』の、ベラドンナ・リリーの記事の引用か

5 学名の話あれこれ

ヒッペアストルム・プニケウム（*Hippaastrum puniceum*）*
（マリア・シビラ・メリアン『スリナム産昆虫変態図譜』1705 より）

らそれがわかる。

　この『ボタニカル・マガジン』の記事から、初期の地理上の概念について、興味深い側面をうかがうことができる。ベラドンナ・リリーに触れながら、「昔の植物学者は、この植物の故郷をインドだと言っているが、彼らにとってはそれは東インド諸島、南アメリカ、場合によってはアフリカの一部を意味するかもしれない」とつけ加えている。

　これと類縁をもつ西半球の植物が、ハーバートによって、新属のヒッペアストルム属に分類された。そして、一般に花屋やカタログでアマリリスと呼ばれ、その球根が市場でふつうに売られている植物は、この新属に分類されるものである。これらは、栽培やたぶん交配によってたいへん変化している。だが、それらのほとんどは、*Hippeastrum Reginae* 系のものである。ただし、アメリカ合衆国南部や熱帯アメリカの庭で、私は *H. puniceum*（*H. equestre*）を観察していることをつけ加えておく。ともあれ、窓際を飾ったり鉢植えにされるアマリリスが、真のアマリリスとはたいへん異なった植物であることは、一般に知られていない。

　真のアマリリスが南アフリカ産であると言うからには、私は、習慣的な植物学的解釈に従っていることになる。ハーバートは、*Amaryllis Belladonna* がこの属のタイプ（基準種）だと述べ、それ以来、私たちはこの属を単型属とみなし、その名前を南アフリカ産のこの植物に当てている。どんなプロセスで彼がこの結論に達したのか、私にはわからない。リンネウスの記述には、この種のみを別にするという考えは見られない。リンネウスは『クリフォルト庭園』に言及しているが、その著作にはまたほかの文献への言及がある。たとえば、1695年に没したヘルマンであるが、彼は「Lilium americanum, puniceo flore, bella donna dictum」［ベラ・ドンナ

5 学名の話あれこれ

ヒッペアストルム・プニケウム（*Hippaastrum puniceum*）*
（マリア・シビラ・メリアン『スリナム産昆虫変態図譜』1705 より）

と呼ばれ、赤紫の花をつける、アメリカのユリ］と書いている。また、プラクネット（1720）は「Lilio Narcissus americanus, puniceo flore, Bella donna dictus」と記している。これらの二つの記述のどちらを見ても、花が赤紫（puniceus）でアメリカ起源が示唆されていること、そして、この植物がベラ・ドンナと呼ばれていることがわかる。これらの言及は、もし両植物とも同じだというならば、現在 *Hippeastrum puniceum* として知られ、さらにリンネウスによっても言及されたメリアンの図に載るものに非常に近い。この「*puniceum*」という形容語の変遷をたどってみよう。*Amaryllis punicea* Lamarck（1783）は、ヘルマンの『Paradisus』[Paradisus batavus（オランダ庭園）]の図を根拠とする命名で、メリアンの著作にもある。その後、エイトンが *Amaryllis equestris*（1789）、ハーバートが *Hippeastrum equestre*（1821）と命名し、それを今度はウルバンが1903年に *Hippeastrum puniceum* とした。形容語を *equestre* から *puniceum* に変えたのは、先取権にもとづいている。ちなみに、リンネウスの記載を確かめるには標本を見ればよいが、*Amaryllis Belladonna* の標本は残されていない。

　本書で、リンネウスの *Amaryllis Belladonna* の実体を追究するのは私の目的とするところではないので、これ以上の詮索は止めるが、ただ、このような問題が古い事例の中に数多く生じていることを、読者諸氏に知ってもらいさえすればよい。

　アマリリスという言葉は、もちろん、田舎娘を意味する古い言葉であり、気まぐれにこれらの植物につけられたのだろう。「美しい婦人」という意味のベラドンナは、本草家（ハーバリスト）が使った名前で、リンネウスはそれを *Amaryllis Belladonna* という学名に生かした。では、なぜヘルマンやプラクネットをはじめとする人々がこの植物にそんな呼称を付したのか、私にはわからないが、美しい花に対する賞賛の意味をこめたというところだろうか。

　ベラドンナと呼ばれる別の植物もある。前述の種とはまったく異なる植物であり、これについては名前の由来がある。その植物はナス科の *Atropa Belladonna* といい、やはりリンネウスが記載している。非常に強い毒性があり、有名な薬がこの植物の成分からつくられる。ベラドンナ中毒の症状は、アメリカ合衆国薬局方に載っており、非常に劇的であるとされるアトロピン中毒と同様であり、「独特の精神錯乱をともなう。中毒の初期の段階では、これが多弁、そして、やや支離滅裂な饒舌状態となって表われる。しかし、後に

は、しばしば幻覚をともなうまったくの混乱状態となり、ときに、多少とも狂乱状態を呈する。」狂乱的で致命的とされる特徴は、リンネウスが引用している文献に載る名称に表われている。すなわち、ボーアンの Solanum maniacum multis［大狂乱のナスビ］、クルシウスの Solanum lethale［致命的なナスビ］。この植物にベラドンナという名前がついたのは、イタリアの女性が植物の赤い汁液を化粧に使ったことから来ている。

　「分類学」がその目的を達した、というのは、現在、ある筋が好んで口に出す物言いである。これは、ナチュラル・ヒストリーに関しておめでたいほど無知であることを暴露するようなものだ。そのような見方は、部分的には、現在の実験生物学への肩入れから生ずるのだと思われる。そして、実験装置や技術の著しい進歩や、あるいは世論を沸かす発見によって、さらにそれが助長されている。そうしたすべての研究は、賞賛してもしきれないものがある。とはいえ、ちょっと目を外に向ければ、そこには生物に満ち溢れた野や丘の連なりが存在する。そうした生物の探究はまだ部分的であり、しかも、すべての生物は新しい方法で研究される必要がある。新種の提示に反対することが流行っているが、それならば、どうしたらよいのだろうか。記載もせず、命名もせず放っておけとでも言うのだろうか。

　植物分類学も動物分類学も、ほかの例に漏れず、すみやかな対応のもとに進化的観点を取り入れており、生命の歴史には新しい意味が付与されている。私たちが抱く多くの疑問は、結局、野外にその答を見出すことになるだろう。

　動物や植物の種類は識別されなければならない。このことは、形態学、生理学、生態学、遺伝学、分布調査などにおける研究を最重

要たらしめる前提条件である。事実、生物学的著作の大部分は、種や変種を明確に認識することなくしては成り立たない。そして、種や変種といったカテゴリーは、整理棚ではとらえきれないものである。分類学は今日、生物学のさまざまな分野のなかで、最も生気に溢れ、最も啓発的なものの一つである。生理学と遺伝学における進展により、それがさらに興味深く重要な意味を帯びてきている。現代的精神をもって生物の個々のグループを専門に研究することは、今後の研究に新しく求められていることの一つである。さらに言うならば、地質学と心理学の場合と同様に研究者たちの考えは変わっているかもしれないが、ナチュラル・ヒストリーは若い学問である。博物館の生物標本は、単なる死んだものではない。それらは、広く存在する生物の記録であり象徴なのである。

地球はいまもその魅力を湛えている。人類が滅びないかぎりは、植物は探索され、賞揚され、吟味され、命名されることだろう。

ナチュラル・ヒストリーにおいてまず必要とされることは、生物の種類を認識することである。この認識は、生命体が暮らし繁殖している野外に求められなければならない。記録を取ることは必要である。生物の種類はまだ完全にはわかっていない。偉大な研究室は、いまなお、戸外に存在する。ほかに存在するだろうと言うのなら、その根拠は、と問いたい。

生命の鎖は、現に地球に生きている生命体だけからなっているのではない。それは、生気の失せた標本や過去の化石ともかかわりをもつ。徹頭徹尾、終わりに向かってはじまりながら、生命の鎖は連続体であり、切ることのできないものである。その膨大な連なりを通して、種類の研究、分類、命名法、分類理論は、ますます増大する活力と重要性をはらむ領域を形成している。

さて、本書はこれでおしまいとなる。あとは、学名の語彙リスト

とその付随的説明である。本書を読まれた読者は、植物の学名に対する尊重の念、学名の広がりとそれに起因する問題の理解を、いくらかでも抱いてくださったと思う。

　もし、本書の記述によって、栽培植物の分野における広範な興味と探究の必要性とを示唆しえなければ、本書の目的は達成されない。幾多の貴重な調査がなされてきたが、なお、人類を養い慰めてきた栽培植物の、起源、同定、改良、特性などに関する生物学的探究の未開拓領域が残っている。栽培植物の起源は、有史以前のはるかな昔にさかのぼり、考古学や地質学にも結びつく。そして、この分野はまだほとんど探究されていないのである。

　それには記録が必要である。私たちは、ほかのいろいろな分野に関しても、切手からアメリカインディアンの民間伝承や遺跡にいたるまで、継続的な記録のための方法や手段を有している。たとえば、鳥類と哺乳類と昆虫類と魚類と野生植物に関しては標本があり、その評価は別として本に関しては図書館があり、新しいもの旧いもの廃れたものなどあらゆる種類の装置に関しては博物館がある。また、考古学的出土品はすべて保存される。それなのに、栽培植物に関するきちんとした、十分な標本がないのである。植物は、適切に標本として保存されれば、メモを付されたり、世代を重ねるごとに増えていく特有の状況をともなうことで、重要な欠かせぬ記録となる。後世の世代が、改良の起源や過程、そして、導入や新品種を裏づける証拠を、私たちの時代の記録から入手しようと思い立ったときに、そのあまりの不備に何と思うだろうか。

6 学名とその言語

オオトウワタ (*Asclepias syriaca*)
(ジェラード、1633)*

　植物学の命名法はラテン語である。それゆえ、言語の異なるすべての人々が理解できるのである。

　この命名法は名詞と形容語を組み合わせたものである。動詞やほかの話法はラテン語の記載には必要だが、学名では用いられない。

　学名の最初にくる語は名詞（実詞）であり、主格、単数形である。二番目の語はふつうは形容詞であり、これは名詞を修飾するものである。「木」は名詞である。「高い」、「低い」、「若い」、「古い」、「美しい」などは形容詞であり、ある特定の木にまつわる性質や特性を表わしている。

　正しく用いられ、正確に発音され、俗悪に堕さなければ、すべての言葉は美しい。よって、植物や動物の学名は、明瞭にしかも上品に発音されれば、美しい。学名は、園芸学、植物学、そしてナチュラル・ヒストリーで使用される言語の明晰な一部を形づくっている。

　たいていの場合、これらの学名を話すのはむずかしいことではない。もちろん、どんな語彙を話すにも練習は要る。たとえば、芸術、工学、建築、音楽、医学、教育、法律など、みんなそうである。正確で明瞭な言葉は、感性と知性の現われである。

これらの学名の使用は、正確に話すということにおいて、かなりの訓練を要することである。学名は権威づけられ、日常言語の物言いを超越したところにある。だから、『標準植物名』のような特殊な言葉を網羅した本が、音楽の楽譜を必要とする人たちがいるように、ある人たちを引きつけるのである。

まず、属というものを理解しなければならない。たとえば *Acer*（カエデ属）のような多くの種からなる属である。*Rosa*（バラ属）、*Chrysanthemum*（キク属）、*Magnolia*（モクレン属）、*Prunus*（サクラ属）、*Berberis*（メギ属）なども多くの種からなる属である。ある植物が、本質的な特性において、そのほかすべての植物と異なる場合には、その植物だけで属を形成する。たとえば、イチョウ、ヘザー（ギョリュウモドキ）、アマリリス（ホンアマリリス）、ココヤシ。このような単型属は、そのほかの属の種名と同様に、二名法で命名されている。前出の例では、順に *Ginkgo biloba*、*Calluna vulgaris*、*Amaryllis Belladonna*、*Cocos nucifera* となる。学名としては、*Amaryllis* と *Cocos* のもとに命名された種もあるが、それらは他属の異名であることをおことわりしておく。

ラテン語は屈折語である。すなわち、語形変化によって文中における諸関係を表わし、性を示す。したがって、文の主語の場合に「us」という語尾をもつ名詞は、目的語の場合には「um」という語尾をもつ。ちなみに、この文法的変化は命名法においては主たる問題とはならない。命名法におけるより重要な点は、名詞が性をもつことで、すべての名詞は男性、女性、中性のいずれかに分類される。ここでいう性とは、必ずしも属性としての性ではなく、語の形である。形容語は性をもたないが、形容する名詞の性に支配される。たとえば、*Ceanothus americanus* は、男性形であり、*Cimicifuga americana* は女性形で、*Narthecium americanum* は中性形である。

学名における二名の性の一致は、必ずしも、属名と種の形容語の語尾の形の一致にはいたらない。たとえば、「白い」を意味する形容詞「*albus, -a, -um*」は、順に男性形、女性形、中性形を示すが、「黒い」を意味する形容詞は「*niger, -a, -um*」となる。実例をあげると、*Helleborus niger*、*Brassica nigra*、*Solanum nigrum*。「*ruber*」（赤い）も同様である。

　語尾の形で「*niger*」と「*ruber*」に比較されるのが、「*-fer*」と「*-ger*」の語尾をもつある種の形容語で、これらは「所有」の意味を表わす。*umbellifer* は男性形、*umbellifera* は女性形、*umbelliferum* は中性形である。同様に、*setiger*、*setigera*、*setigerum*。これらの形容語では、男性形の語尾を「us」とすることは原則として許されないだろう。このような部類の形容語は、明らかに女性名詞にともなって生じる方が多く、巻末のリストでは女性形であげてあるが、そのほかは男性形の語尾で示してある。

　名詞（属名）は古代ラテン名であり、しかもギリシア語起源のものが多く、ラテン語とギリシア語の複合語の場合もある。また、そのほかの言語を起源とするものもあるが、多かれ少なかれラテン語化されている。つまり、格変化させられて記載に使えるように、多くの名称がラテン語に取り入れられている。属名が人名を記念する語であることも多い。たとえば、*Linnaea*、*Bauhinia*、*Parkinsonia*、*Dodonaea*、*Clusia*、*Besleria*、*Tournefortia*、*Milleria* などがある。さらに、属名が、総称というか意味不明の古代の言葉から取られていることも多く、植物のある特定のグループや、その言葉のもとの意味とは異なる植物のグループの属名となっている。だからといって、属名として不適当だということにはならない。例をあげると、*Celastrus* はギリシア語ではある種の常緑樹を意味するし、*Ilex* はラテン語でオークの１種を意味しており *Aesculus* も同様で

ある。*Hypericum* は意味不明の言葉であり、*Lycium* は *Rhamnus* の1種を意味していた。おそらく、ふつうに見る属名の半分以上は古代起源のものであり、つまりギリシア語とラテン語である。

もし、命名者が属名に採用する言葉のもとの意味を守る必要がなければ、原語通りの綴りでなくともよいわけである。リンネウスがアダム・バドル（Adam Buddle）に献名して *Buddleja* と命名したのは属名として有効である。命名者は、人名由来の属名の綴りを決める際に、当の人物が綴ったようにしなくともよいのである。だから、*Kennedia* という属名は、イギリスの種苗家ルイス・ケネディ（Lewis Kennedy）を記念しているのだが、この属を設立したヴァントナは、正しいラテン語の綴り法に直して命名したのだった。*Stewartia* はビュート侯ジョン・スチュアート（John Stuart）への献名であるし、*Stillingia* はスティリングフリート博士を記念している。植物学者は、エウフォルブス（Euphorbus）という人名を、*Euphorbia* と変えた。人名から派生した属名は、最初は記念する意味をもたなかった。園芸家も植物学者も、属名が有する文字上の意味にあまり多大の注意を向ける必要はない。ただし、それにこめられた興味や情報を問題とする場合は別であるが。名前は名前であって、それ以上のものではない。

種の形容語も同様であり、やはり名前に過ぎない。しかし、文字上の意味は、その学名の植物の特徴を理解する一助にはなる。たとえば、*Betula lutea* が「黄色いカバノキ」、*B. lenta* が「しなやかなカバノキ」、*B. pumila* が「矮性のカバノキ」、*B. populifera* が「ポプラのような葉をもつカバノキ」、*B. papyrifera* が「紙をもつカバノキ」［樹皮が紙のように薄くはがれるから］という意味であることを知るために、かなり役に立つ。だからといって、学名の意味を翻訳しても英名としての使用には役立たないかもしれない。また、

学名の意味が植物そのものの特徴に符号しているかどうかも保証のかぎりではない。*Duranta repens*（ほふく性のドゥランタ）とは言っても、直立性の大低木であり、枝の一部が多少とも下垂して地面につく程度なのである。

　正しい綴りを変更してはならないが（正字法の尊重）、種の形容語の語尾は、属名の性に従って当然変化する。たとえば、矮性のヒマワリの学名は *Helianthus pumilus*（男性形）、矮性のカバノキは *B. pumila*（女性形）、矮性のキクは *Chrysanthemum pumilum*（中性形）である。

　巻末のリストでは、属名については発音に関する注意点を示しただけであり、種の形容語の方には、発音に関することはもちろんだが、意味も示しておいた。言葉に対する感受性があれば、このリストを繰り返し参照することによって、形容語の意味をたちどころに覚えることだろう。だが場合によっては、よく似た形容語があるので混同しないように注意したい。たとえば、*Dianthus macranthus* は、長い花または大きい花をつけるナデシコという意味だが、*Acacia macracantha* は、大きな刺をもつアカシアという意味である。前者の形容語の接尾語の *anthos* は花の意で、後者の *acanthos* は刺の意である。

　果実に言及している *macrocarpus*、歯に言及している *macrodontus*、部分に言及している *macromeris*、種子に言及している *macrospermus*、穂状花序に言及している *macrostachyus* などの例に見られる、*macro* という接頭語については少し説明が要る。ギリシア語の *macros* はもともと「長い」という意味であるが、植物学の用法で複合語をつくるときは、「小さい」の意の *micros* と区別して、「大きい」という意味で使われる。したがって、*Aster macrophylla* はシオン属の大きな葉をもつ種、*Philadelphus micro-*

phyllus はバイカウツギ属の小さな葉をもつ種、という意味に解すべきである。これは英語の用法にも取り入れられており、macrophone（拡声器？）に対する microphone（マイク）、macrocosm（大宇宙）に対する microcosm（小宇宙）、macroscope（拡大鏡？）に対する microscope（顕微鏡）などがその例である。

対照的な別例として、*Salix cordifolia*（形容語は、心臓形の葉をもつ、の意）と *Æthionema coridifolium*（コリスに似た葉をもつ、の意）があるが、*Coris* というのはサクラソウ科の属である。後者の学名では、属名と種の形容語との性が一致していないようにみえるが、*Æthionema* というのはギリシア語で中性なのである。たとえば、同様に *Aglaonema* も *Odontonema* も中性である。ギリシア語で男性形の語尾の「os」は、ラテン語に取り入れられるときに「us」に変化するが、最初の学名命名者は、属名にせよ種の形容語にせよ、どちらの語尾にしてもよい。シロヤマブキ属は *Rhodotypus* と書かれることが多いが、シーボルトとツッカリーニがこの属を設立したときには *Rhodotypos* としているのである。このような例は枚挙にいとまがない。同様に、ラテン語の中性形の語尾である「um」を、ギリシア語の形で用いてもよい。*Asplenium platyneuron* がそのような例である。

属名に関して、たいへん似通った綴りのものがあることも注意しておきたい。たとえば、1字だけ綴りが異なったとしても、命名規約では、異物同名ではないとみなしている。例をあげてみよう。*Disocactus* と *Discocactus*、*Jaegeria* と *Jagera*、*Nolana* と *Nolina*、*Lomatia* と *Lomatium*、*Butea* と *Butia*、*Ceropteria* (*Pityrogramma*) と *Ceratopteris* と *Cystopteris*、*Garberia* と *Gerberia*、*Morinda* と *Moringa*、*Syringa* と *Seringia*、*Ligustrum* と *Ligusticum*、*Anemopsis* と *Anemonopsis*、*Latania* と *Lantana*。

このようなことが起きた理由と違いを詮索してみてもはじまらない。言えるのは、信頼できるリストや本を参照し、綴りを間違えないよう、気をつける必要がある、ということである。

　種の形容語は国や地域の名前から選ばれる場合もある。*Anemone virginiana*、*Iris virginica*、*Saxifraga virginiensis*、いずれも形容語は「ヴァージニア（人）の」という意味である。これらの形容語は、属名変更の際にもそれぞれ保留される。意味が同じだからといって、ごっちゃにして使用することはできない。このような地名に由来する形容語であっても、すぐにはその意味がわからない場合がしばしばある。たとえば、*Aconitum noveboracense*、*Vernonia noveboracensis*の形容語は、「ニューヨークの」（Eboracum はイギリスのヨークに対するローマ時代の呼称、novum は「新しい」の意）という意味である。

　ときに、これらの地名が道に迷うことがある。前に言及した Portugal cypress は、学名を *Cupressus lusitanica*［形容語は「ポルトガルの」という意味］というが、メキシコ産の植物である（11頁）。アメリカ合衆国東部の草地にふつうに生えている大形のガガイモ科植物の *Asclepias syriaca* は、リンネウスがヴァージニア産植物であることを知っていて、古い名前を踏襲して命名したものである。その古い名前とは、フランスのコルニュ（コルヌトゥス）が、1635年にカナダ産の植物にもとづいて命名した Apocynum majus syriacum rectum であり、クルシウスの命名した Apocynum syriacum である。*Asclepias*（トウワタ属）のすべての種は新大陸産なので、ドゥケーヌは1844年に、この種を *Asclepias Cornuti* と命名し直した。そのため、長らくこの名前で知られることになったが、やはり命名規約に従って、リンネウス命名の、初期の誤解を記録している学名を正名とし、それを認めなくてはならない。何度も言う

が、名前は名前であって、文字上の意味は関係ない。巻末の形容語リストで意味を掲げたのは、単に参考に供したまでのことである。

同じ地名を意味する形容語でも語彙を異にする場合がある。早く言えば、一つの地名に二つの呼称があるわけだ。*Rosa sinica*、*Rosa cathayensis*、いずれも「中国のバラ」という意味だが、両者は互いに別種（前者には R. *laevigata*［ナニワイバラ］というより古い名前がある）である。*Juniperus chinensis*、*Citrus sinensis*、この二つの形容語も「中国の」という意味である。*Ligustrum japonicum*［ネズミモチ］と *Chrysanthemum nipponicum*［ハマギク］、これらの形容語もともに「日本の」という意味であるが、このような形容語が、たとえ同じ属のなかで使用されても、勧められたものではないけれど、差し障りはないであろう。

形容語の中には、「-oides」「-oideus」「-ides」「-odes」といった、類似していることを示すギリシア語の接尾語をもつものがある。*Epiphyllum phyllanthoides* は「フィランサス属に似たエピフィルム」の意、*Canna orchiodes* は「オーキッドに似たカンナ」の意、*Populus deltoides* は「ギリシア文字のΔ（デルタ）に似た葉をもつポプラ」の意である。

種の形容語のすべてが、いわゆる普通の形容詞ではない。英語の所有格にあたる、固有名詞の属格であることも多い。*Phlox Drummondii* がそのような例だが、「ドラモンド氏のフロクス」という意味である。この属格は、名詞の格変化に応じて、いくつかの方法で形成される。もし、人名がラテン語化されたときに、よくあるように語尾が「us」になるとすると、第二変化名詞ということになり、その属格は語尾が「i」になる。たとえば、Linnaeus は *Linnaei*、Clusius は *Clusii*、Dodonaeus は *Dodonaei* となる。この属格が「i」となるか「ii」となるかについては、慣例によっている。この

点に関して、国際植物命名規約の勧告によれば、人名の語尾が母音で終わっていれば「i」を付し、子音で終わっていれば（「r」で終わっている場合を除く）［現在の命名規約の勧告では、語尾が「er」となる場合を除き、となっている］「ii」を付す、と記されている。この勧告は、ただちに遡及して効力をもつものではない［現在の命名規約の条項では、その勧告に反する語尾の形は正すべき誤りとされている］。

女性の名前は、通常、第一変化名詞に属して「a」という語尾をもち、その属格は「ae」になる。だから、*Rosa Banksiae* は「バンクス夫人のバラ」という意味になる。

第三変化名詞の場合などは、その属格は語尾が「is」となる。*Rosa Hugonis* は「ヒューゴー氏のバラ」の意、*Solidago ohionis* は「オハイオのアキノキリンソウ」の意である。

属格はときに、複数形でもつくられる。*Colocasia antiquorum* は「古代人のサトイモ」の意、*Grimaldia Baileyorum* は「ベイリー親子（父娘）のグリマルディア」［*Grimaldia* はカワラケツメイ属に近縁のマメ科植物］の意である。

しばしば、属格（所有格）は複合語の形をとる地名からつくられることがある。*Aster novae-angliae* は「ニューイングランドのシオン属植物」の意、*Aster novi-belgii* は「ニューヨークのシオン属植物」の意、*Lechea novae-caesarea* は「ニュージャージーのレッヘア属植物」（*caesarea* とはローマ時代のチャネル諸島──ジャージー島ほか──の呼称で、そこからジャージーという意味になった）の意、*Rubus pergratus* var. *novae-terrae* は「ニューファウンドランドのブラックベリー」の意である。

植物学者が新種の命名にあたり、人名を記念しようとする場合は、通常二つのやり方がある。名詞の属格をつくる例として、人物が男

性の場合は *Smithii*、女性の場合は *Smithiae*。名前を形容詞化する例として、属名が男性の場合は *Smithianus*、属名が女性の場合は *Smithiana*、属名が中性の場合は *Smithianum* となる。[前者の *Smithii* や *Smithiae* の場合は属名の性に応じて語尾が変化することはない。]

　種の形容語の中には通常の規則に当てはまらない例もある。これらは同格名詞であり、属名の性に応じて語尾変化することはない。こういうものはたいてい、歴史上の文献に伝えられてきた名称である。*Rumex Patientia* は herb-patient [herb-patience] という名の古くからの薬草、*Chenopodium Bonus-Henricus* は本草家たちが Good King Henry と呼んでいたもの、*Nicotiana Tabacum* はタバコの土着名にちなむものである。*Solanum PseudoCapsicum*、*Thymus Serpyllum*、*Aconitum Anthora*、これらは古い属名にちなんでいる。たとえば *Persica* はモモの古い属名であるが、いまそれを *Prunus Persica* と書く。ところが同じ語がほかの場合には地名を意味する形容詞となる。前に言及した *Syringa persica* がその例である（84頁）。このような名詞の形容語はどちらかといえば、頭文字が大文字で表記される。そうすることで、形容詞ではないことを示し、別の意味をもつことを明確にするためである。

　学名を表記するとき、種の形容語をすべて小文字で書く人もいる。たとえば、*Salvia greggii*、*Pyrus halliana*、*Pinus jeffreyi* のように、人名を記念する形容語の場合でも小文字で書く。これは、統一性の観点からそうするのだが、統一性というのは標準化万能の考え方であり、何物にもまさる利点をもつものではない。規則正しさという平均化に力点を置くよりも、個性と意味性を保つことの方がずっと望ましい。語義を正しく知るための手掛かりとなる大文字を止めてしまうとき、非常に貴重な歴史の手掛かりも失われる。

以前は、国を表わす種の形容語も、*Canadensis*、*Japonica*、*Africana* のように、頭文字は大文字だった。しかし、いまこの習慣は少なくなっている。例示した地理的な形容語は、固有名詞といっても一般名詞に近いが、漠然とした産地を示すようになっている。*Rubus canadensis* といっても、カナダだけに生えている植物ではない。ずっと南のジョージア州まで分布している。この形容語は、カルムがそれをはじめて発見した場所を示しているのである。アメリカ合衆国の植物の多くが命名された初期のころ、ヴァージニアというのは現在のヴァージニア州より広範な地域を指す名称だった。ブラジルという地名も、西半球におけるある地域、あるいは方角を示すものだった。*Potentilla*（キジムシロ属）の一種が *pennsylvanica* と命名されたからといって、それをニューハンプシャーやオンタリオ、オハイオなどの州に見出しても採集家は驚きはしない。私の経験では、その植物を中国で採集したこともある。というのは、カフカスから日本まで広く分布しているからである。この広範な分布域をもつ種は、たまたまペンシルヴェニアからの採集品をもとに、1767年にリンネウスによって命名記載されただけである。地域を示す形容語はそう大きな意味をもつものではない。しかし、人物名や歴史的意味合いを多く含んだ同格名詞は、頭文字を大文字にしてもよいのではないかと思う。

　種の形容語の頭文字を大文字にすることは、命名規約では強制していない。国際規約の勧告では、「種を示す語は、それが人名（名詞の形容語または形容語となる形容詞）由来のもの、あるいは、属名（名詞の形容語または形容語となる形容詞）由来のものを除き、小文字ではじまる」となっている。一方、アメリカの規約は「もし大文字が種を示す語に対して用いられるならば、人名から派生した名詞の形容語と、形容語となる形容詞のみにかぎるべきである」と

している。

学名の発音

　巻末のリストでは、あえて完全な発音を示すことをしなかった。それをするには発音記号が必要となる。目的は二つだけにすることを心に留めた。一つはアクセントを示すこと。これによって、主要なアクセントの音節が明らかになる。もう一つは、アクセントのある母音の音量を示すこと。つまり、「長音」か「短音」か、ということである。

　植物の学名を発音するための規則に関して、何ら標準的な見解の一致はない。最善とされる慣行においても、ある単語の発音にいろいろな違いがみられる。これは避けがたいことであり、多くの英単語の発音でさえいろいろ違ってくるのだから、残念がるほどのことではない。母音に付される特別な音量（長音と短音）は、個々の単語によって違う。学名は、あたかも英単語であるかのように発音されることが多いが、アクセントは、少なくともラテン語の用法にならうものである。

　ラテン語（ギリシア語起源の）と英語の発音の違いをよく示す例が、接尾語の「-oides」（前出参照）である。英語では、このような場合の「oi」は、「rhomboid」という単語にみられるように二重母音であり、「toy」の「oy」のように発音される。しかし、ラテン語やラテン語化した名詞（nomial）では、これは二重母音ではなく、「o」も「i」も独立した母音として発音されなければならない。

　ラテン語の発音の仕方には二通りの方法があるだろうという。一つは、ラテン学者が準拠しているもので、いわゆるローマン・メ

ソッド（歴史的発音法）である。これは、ローマ時代の発音とみなされているものである。もう一つは、現在ラテン語を使用している人々の話し方に多少とも準拠しようというやり方である。本章の議論にかかわるのは、後者の方である。

　イギリスでもアメリカ合衆国でも、母音はふつう英語におけるのと同様に発音される。ということは、英語における長母音の「i」（アイ）と「e」（イー）（どちらも諸言語において固有の発音を有する）が用いられることになるだろう。合衆国で、私が英語式に *Lupinus*（ルパイナス）と発音しても違和感を抱く人はいないが、フランスでは「ルピーナス」と言うべきである。ラテン語を話す愉快な仲間といっしょに、南アメリカの奥地へ植物採集に行ったとき、たまたま *Sida* 属［アオイ科］の植物を見つけ、私がそれを英語式に「サイダ」と発音すると、その連れは私のラテン語発音は違うと指摘し、「シーダ」と発音するのが正しいと言った。私の母語が英語であることを言ってもしようのないことだった。ところで、「americana」という形容語を、「americay-na」（アメリケイナ）と発音するか、「americah-na」（アメリカーナ）と発音するかは好みの問題であり、言うならば、その人がボストン出身かカンザス出身かの違いに起因するようなものだろう。私自身は、勧めているみたいだが、前者の立場である。どちらにせよ、母音は「長音」とみなされるだろう。

　科名の最終音節の発音は、アメリカ合衆国ではふつう英語式が通用している。たとえば、バラ科を意味する Rosaceae は「ローザシー」（—āce-ee）と、長音の「e」を用いて発音されている。

　以上の説明は、言葉のアクセントに対する議論というよりも、文字の発音に関することであった。アクセントは、ラテン語の規則にならうものであり、単語の音節は母音の数だけあることを知ってお

きたい。二音節からなる単語の場合、「à-cris」のように、最初の音節にアクセントが置かれる。三音節からなるものでは、「dumō-sa」のように、語尾から二つ目の音節が長母音であれば、そこに置かれる。語尾から二つ目の音節が短母音のときはさらに直前の音節（語尾から三番目の音節）にアクセントがくるだろうが、どんな場合でも、語尾から四番目以降の音節にアクセントが置かれることはない。

とりわけ属名の場合、その多くは、ラテン語を起源とするものではなく、しかも完全にラテン語化されているわけでもない。となると、ラテン語の規則にきちんと従うことも不可能である。したがって、巻末のリストが役に立つことになるが、場合によっては異論もあるだろう。

念のために言うが、本書で示しているのは、あくまでアメリカ合衆国における慣行である。母音の音量（長音か短音）を示すために、アクセント記号を使用したが、明瞭な長音は低アクセント記号（ ` ）を、詰まった短音は鋭アクセント記号（ ´ ）で示した。これは、現在のアメリカでの慣行であるが、もとはイギリスでの慣行に発している。エイサ・グレイは、1848年出版の『北部アメリカ合衆国植物便覧』で、「学名発音の一助として、アクセントの置かれる音節を示すだけでなく、ラウドンが提示したように、長母音を低アクセント記号（ ` ）で、短母音を鋭アクセント記号（ ´ ）で示しておいた」と記している。グレイが言及した J. C. ラウドンは、1830年に初版が出た『Hortus Britannicus』（イギリス園芸植物名彙）の前文で、その発音法を解説しているのである。グレイの『便覧』の最新版（第7版、1913年）は、彼の後継者による改訂版であるが、アクセントのくる音節と音量を示すやり方を依然として続けている。ただし、グレイの没後も刊行が続けられた『北アメリカ分類植物

誌』では実行されていない。アメリカにおける植物学的慣行は、完全に整ったものではないが、巻末に示したリストでは、グレイやその後継者たちが長く用いた方法が取り入れられている。

そのような簡単なアクセント記号で発音を表現するのはむずかしいし、多くの例外もある。特に、人名や地名から派生した語や、古典ラテン語にはなかった語の場合がそうである。

巻末の種の形容語のリストは、『標準園芸事典』の第1巻の148-159頁に掲げたものを拡大したもので、『栽培植物便覧』の21-36頁に再掲載されている。だから、このリストは、一度批判の目にさらされたものだということができる。だからといって、完全なものというつもりはない。

人名由来の学名の発音については、とりわけ人物の姓が二音節で示されるとき、特にきまった規則はない。たぶん、ラテン語の規則としては語尾から二つ目の音節にアクセントがくるべきであるが、そのような語は、本来の人名発音に即して話されることが多い。これは、属格の形容語の場合も、名詞の属名の場合も同様である。したがって、$Torrèy\text{-}i$、$Torrèy\text{-}a$ とならずに、それぞれ $Tór\text{-}reyi$、$Tór\text{-}reya$ となるであろう。同様の例として、$Búck\text{-}leyi$ に対する $Bucklèy\text{-}i$、$Búck\text{-}leya$ に対する $Bucklèy\text{-}a$、$Jã\text{-}mesii$ に対する $Jamè\text{-}sii$、$Jã\text{-}mesia$ に対する $Jamè\text{-}sia$ などがある。ゆえに、巻末のリストでは、この種の語のほとんどを意図的にはずしてあるのだ。英語を話す園芸家は、私の知るかぎりでは、$Cattlèy\text{-}a$ と言わずに $Cátt\text{-}leya$ と言う。

最後に、巻末に掲げるリストは、園芸的よしみから主として編纂したものであることを言っておきたい。完全なものではないし、誤りが絶対ないとも言えない。必要とあらば改訂することにやぶさかではない。

附表 1　属名一覧

この一覧は、園芸関係の文献に頻出する属名を、そのアクセントと母音の音量（長音と短音）、あるいは綴りの確認に供するために示したものである。

低アクセント（ˋ）：長母音であることを示す。
鋭アクセント（ˊ）：短母音、あるいは同様の母音、または、少なくとも長母音ではないことを示す。

Abè-lia
À-bies
Abò-bra
Abrò-ma
Abrò-nia
Abrophýl-lum
À-brus
Abù-tilon
Acà-cia
Acǽ-na
Acalỳ-pha
Acám-pe
Acanthocè-reus
Acantholì-mon
Acanthóp-anax
Acanthophœ̀-nix
Acanthophýl-lum
Acanthorhì-za
Acán-thus
À-cer
Acerán-thus
Achillè-a
Achím-enes
À-chlys
Ách-ras
Acidanthè-ra
Acinè-ta
Ackà-ma
Acœlorrà-phe

Acokanthè-ra
Aconì-tum
Ác-orus
Acrocò-mia
Acroných-ia
Actǽ-a
Actiníd-ia
Actinophlœ̀-us
Actinós-trobus
À-da
Adansò-nia
Adelocalým-na
Adelocà-ryum
Adenanthè-ra
Adenocár-pus
Adenóph-ora
Adenós-toma
Adhát-oda
Adián-tum
Adlù-mia
Adoníd-ia
Adò-nis
Adóx-a
Æchmè-a
Æ-gle
Æglóp-sis
Ægopò-dium
Æò-nium
Ærán-gis

Aerì-des
Ǽr-va
Ǽs-culus
Æthionè-ma
Agapán-thus
Agás-tache
Ág-athis
Agathós-ma
Agà-ve
Agdés-tis
Agér-atum
Aglaonè-ma
Agò-nis
Agrimò-nia
Agrostém-ma
Agrós-tis
Aichrỳ-son
Ailán-thus
Aíph-anes
Aì-ra
Ajù-ga
Akè-bia
Albíz-zia
Alchemíl-la
Aléc-tryon
Ál-etris
Aleurì-tes
Alís-ma
Allagóp-tera

Allamán-da
Alliò-nia
Ál-lium
Allóph-yton
Allopléc-tus
Ál-nus
Alocà-sia
Ál-oë
Alonsò-a
Alopecù-rus
Alphitò-nia
Alpín-ia
Alseuós-mia
Alsóph-ila
Alstò-nia
Alstrœmè-ria
Alternanthè-ra
Althǽ-a
Alýs-sum
Alýx-ia
Amarà-cus
Amarán-thus
Amárc-rinum
Amarýl-lis
Amasò-nia
Amberbò-a
Amelán-chier
Amél-lus
Amhér-stia
Amián-thium
Amíc-ia
Ammò-bium
Ammóch-aris
Ammóph-ila
Amò-mum
Amór-pha
Amorphophál-lus
Ampelodés-ma
Ampelóp-sis
Amphíc-ome
Amsò-nia
Anacámp-seros
Anacár-dium

Anacỳ-clus
Anagál-lis
Anán-as
Anáph-alis
Anastát-ica
Anathè-rum
Anchù-sa
Andì-ra
Andróm-eda
Andropò-gon
Andrós-ace
Androstè-phium
Anemò-ne
Anemonél-la
Anemonóp-sis
Anemopǽg-ma
Anemóp-sis
Anè-thum
Angél-ica
Angelò-nia
Angióp-teris
Angóph-ora
Angrǽ-cum
Angulò-a
Anigozán-thos
Anisacán-thus
Anisót-ome
Annò-na
Anò-da
Anóp-teris
Anò-ta
Ansél-lia
Antennà-ria
Án-themis
Anthér-icum
Antholỳ-za
Anthoxán-thum
Anthrís-cus
Anthù-rium
Anthýl-lis
Antià-ris
Antidés-ma
Antíg-onon

Antirrhì-num
Aphanós-tephus
Aphelán-dra
À-pios
À-pium
Apléc-trum
Apóc-ynum
Aponogè-ton
Aporocác-tus
Aptè-nia
Aquilè-gia
Ár-abis
Ár-achis
Arách-nis
Arà-lia
Araucà-ria
Araù-jia
Ár-butus
Archontophœ̀-nix
Árc-tium
Arctostáph-ylos
Arctò-tis
Arctò-us
Ardís-ia
Arè-ca
Arecás-trum
Aregè-lia
Arenà-ria
Arén-ga
Arethù-sa
Argà-nia
Argemò-ne
Argyrè-ia
Aridà-ria
Arikuryrò-ba
Ariocár-pus
Arisǽ-ma
Arís-tea
Aristolò-chia
Aristotè-lia
Armorà-cia
Arnè-bia
Ár-nica

属名一覧

Arò-nia
Arpophýl-lum
Arracà-cia
Arrhenathè-rum
Artáb-otrys
Artemís-ia
Arthropò-dium
Artocár-pus
À-rum
Arún-cus
Arundinà-ria
Arún-do
Ás-arum
Ascár-ina
Asclè-pias
Asclepiodò-ra
Ascocén-trum
Ascotaín-ia
Ás-cyrum
Asím-ina
Aspár-agus
Aspér-ula
Asphodelì-ne
Asphód-elus
Aspidís-tra
Aspidospér-ma
Asplè-nium
Ás-pris
Astartè-a
Astè-lia
Ás-ter
Astíl-be
Astrág-alus
Astrán-tia
Astrocà-ryum
Astróph-ytum
Asystà-sia
Atalán-tia
Athamán-ta
Athrotáx-is
Athýr-ium
Atrapháx-is
Át-riplex

Át-ropa
Attalè-a
Aubriè-ta
Aucù-ba
Audibér-tia
Audouín-ia
Aureolà-ria
Avè-na
Averrhò-a
Axón-opus
Azà-ra
Azól-la

Babià-na
Bác-charis
Bác-tris
Baè-ria
Baillò-nia
Balà-ka
Balaù-stion
Ballò-ta
Balsamocít-rus
Balsamorhì-za
Bambù-sa
Bánk-sia
Báph-ia
Baptís-ia
Barbarè-a
Bárk-lya
Barlè-ria
Barós-ma
Barringtò-nia
Basél-la
Bauè-ra
Bauhín-ia
Beaucár-nea
Beaufór-tia
Beaumón-tia
Befà-ria
Begò-nia
Belamcán-da
Belepér-one
Bél-lis

Bél-lium
Benincà-sa
Bén-zoin
Berberidóp-sis
Bér-beris
Berchè-mia
Bergè-nia
Bergerán-thus
Bergerocác-tus
Berlandiè-ra
Berterò-a
Berthollè-tia
Bertolò-nia
Bè-ta
Bét-ula
Bì-dens
Bifrenà-ria
Bignò-nia
Billardiè-ra
Billbér-gia
Bischóf-ia
Biscutél-la
Bismár-ckia
Bíx-a
Blanfór-dia
Bléch-num
Bletíl-la
Blì-ghia
Bloomè-ria
Blumenbách-ia
Boccò-nia
Bœhmè-ria
Boisduvà-lia
Boltò-nia
Bolusán-thus
Bomà-rea
Bóm-bax
Bón-tia
Borà-go
Borás-sus
Borò-nia
Bortých-ium
Bò-sea

153

Bossiæ-a
Boussingaúl-tia
Bouvár-dia
Bowkè-ria
Boykín-ia
Brachých-iton
Brachýc-ome
Brachyglót-tis
Brachypò-dium
Brachysè-ma
Brà-hea
Brasè-nia
Brassaocattlæ̀-lia
Brassáv-ola
Brás-sia
Brás-sica
Brassocátt-leya
Brassolæ̀-lia
Brevoór-tia
Brèy-nia
Brickél-lia
Brittonás-trum
Brì-za
Brodiæ̀-a
Bromè-lia
Brò-mus
Brós-imum
Broughtò-nia
Broussonè-tia
Browál-lia
Brów-nea
Bruckenthà-lia
Brunnè-ra
Brunsfél-sia
Brunsvíg-ia
Bryò-nia
Bryonóp-sis
Bryophýl-lum
Buckleỳ-a
Buddlè-ja
Buginvíl-læa
Bulbì-ne
Bulbinél-la

Bulbocò-dium
Bulbophýl-lum
Bumè-lia
Buphthál-mum
Bupleù-rum
Bursà-ria
Bù-tia
Bù-tomus
Búx-us
Byrnè-sia

Cabóm-ba
Cæsalpì-nia
Cailliè-a
Caióph-ora
Cajà-nus
Calacì-num
Calà-dium
Cál-amus
Calandrì-nia
Calán-the
Calathè-a
Calceolà-ria
Calén-dula
Calím-eris
Cál-la
Callián-dra
Callicár-pa
Callíc-oma
Callír-hoë
Callistè-mon
Callís-tephus
Callì-tris
Callù-na
Calocéph-alus
Calochór-tus
Calodén-drum
Calonýc-tion
Calóph-aca
Calophýl-lum
Calopò-gon
Calothám-nus
Calpúr-nia

Cál-tha
Calycán-thus
Calycót-ome
Calýp-so
Calỳ-trix
Camarò-tis
Camá-sia
Camél-lia
Camoén-sia
Campán-ula
Camphorós-ma
Campsíd-ium
Cámp-sis
Camptosò-rus
Camptothè-ca
Campylót-ropis
Canán-ga
Canarì-na
Canavà-lia
Candól-lea
Canél-la
Canís-trum
Cán-na
Cán-nabis
Cán-tua
Cáp-paris
Cáp-sicum
Caragà-na
Cardám-ine
Cardián-dra
Cardiospér-mum
Cár-duus
Cà-rex
Cà-rica
Carís-sa
Carlì-na
Carludovì-ca
Carmichæ̀-lia
Carnè-giea
Carpán-thea
Carpentè-ria
Carpì-nus
Carpobrò-tus

Carpód-etus
Carriè-rea
Cár-thamus
Cà-rum
Cà-rya
Caryóp-teris
Caryò-ta
Casimír-oa
Cás-sia
Cassín-ia
Castà-nea
Castanóp-sis
Castanospér-mum
Castíl-la
Castilè-ja
Casuarì-na
Catál-pa
Catanán-che
Catasè-tum
Catesbǽ-a
Cà-tha
Cathcár-tia
Cátt-leya
Caulophýl-lum
Ceanò-thus
Cecrò-pia
Céd-rela, Cedrè-la
Cedronél-la
Cè-drus, Céd-rus
Ceì-ba
Celás-trus
Celmís-ia
Celò-sia
Cél-sia
Cél-tis
Centaurè-a
Centaù-rium
Centhrán-thus
Centradè-nia
Centropò-gon
Centrosè-ma
Cephäë-lis
Cephalán-thus

Cephalà-ria
Cephalocè-reus
Cephalostà-chyum
Cephalotáx-us
Cerás-tium
Ceratò-nia
Ceratopét-alum
Ceratophýl-lum
Ceratóp-teris
Ceratostíg-ma
Ceratozà-mia
Cercidiphýl-lum
Cercíd-ium
Cér-cis
Cercocár-pus
Cè-reus
Cerín-the
Ceropè-gia
Ceróx-ylon
Cés-trum
Chænomè-les
Chænós-toma
Chærophýl-lum
Chamæcè-reus
Chamæcýp-aris
Chamædáph-ne
Chamædò-rea
Chamælaù-cium
Chamælír-ium
Chamǽ-rops
Chambeyrò-nia
Chár-ieis
Cheilán-thes
Cheirán-thus
Chelidò-nium
Chelò-ne
Chenopò-dium
Chilóp-sis
Chimáph-ila
Chiocóc-ca
Chióg-enes
Chionán-thus
Chionodóx-a

Chionóph-ila
Chirò-nia
Chlò-ris
Chlorocò-don
Chloróg-alum
Chloróph-ora
Chloróph-ytum
Choís-ya
Chorís-ia
Choríz-ema, Cho-
 rizè-ma
Chrysalidocár-pus
Chrysán-themum
Chrysobál-anus
Chrysóg-onum
Chrysóp-sis
Chrysosplè-nium
Chrysothám-nus
Chusquè-a
Chy̌-sis
Cibò-tium
Cì-cer
Cichò-rium
Cicù-ta
Cimicíf-uga
Cinchò-na
Cinnamò-mum
Cipù-ra
Circǽ-a
Cír-sium
Cís-sus
Cís-tus
Citharéx-ylum
Citróp-sis
Citrúl-lus
Cít-rus
Cladán-thus
Cladrás-tis
Clár-kia
Clausè-na
Clavì-ja
Claytò-nia
Cleistocác-tus

Clém-atis
Cleò-me
Clerodén-drum
Cléth-ra, Clè-thra
Clián-thus
Cliftò-nia
Clintò-nia
Clitò-ria
Clì-via
Clytós-toma
Cneoríd-ium
Cneò-rum
Cnì-cus
Cobæ̀-a
Coccín-ia
Coccocýp-selum
Coccól-obis
Coccothrì-nax
Cóc-culus
Cochemiè-a
Cochleà-ria
Cochlospér-mum
Cò-cos
Codiæ̀-um
Codonóp-sis
Cœ̀-lia
Cœlóg-yne
Coffè-a
Cò-ix
Cò-la
Cól-chicum
Coleonè-ma
Cò-leus
Collè-tia
Collín-sia
Collinsò-nia
Collò-mia
Colocà-sia
Colpothrì-nax
Colquhoù-nia
Colúm-nea
Colù-tea
Colvíl-lea

Combrè-tum
Comespér-ma
Commelì-na
Comptò-nia
Conán-dron
Condà-lia
Cón-gea
Conicò-sia
Coniográm-me
Conì-um
Conóph-ytum
Convallà-ria
Convól-vulus
Coopè-ria
Copaíf-era
Coperníc-ia
Coprós-ma
Cóp-tis
Cór-chorus
Cór-dia
Córd-ula
Cordylì-ne
Corè-ma
Coreóp-sis
Corethróg-yne
Corián-drum
Corià-ria
Cór-nus
Corò-kia
Coroníl-la
Corón-opus
Corò-zo
Corrè-a
Cortadè-ria
Cortù-sa
Corýd-alis
Corylóp-sis
Cór-ylus
Corynocár-pus
Corỳ-pha
Coryphán-tha
Corytholò-ma
Cós-mos

Cós-tus
Cót-inus
Cotoneás-ter
Cót-ula
Cotylè-don
Coutà-rea
Cowà-nia
Crám-be
Craspè-dia
Crás-sula
Cratæ̀-gus
Crè-pis
Crescén-tia
Crinodén-dron
Crinodón-na
Crì-num
Cristà-ria
Críth-mum
Crocós-mia
Crò-cus
Crossán-dra
Crotalà-ria
Crucianél-la
Crupì-na
Cryóph-ytum
Cryptán-tha
Cryptán-thus
Cryptocà-rya
Cryptográm-ma
Cryptól-epis
Cryptomè-ria
Cryptostè-gia
Cryptostém-ma
Ctenán-the
Cù-cumis
Cucúr-bita
Cù-minum
Cunì-la
Cunninghám-ia
Cupà-nia
Cù-phea
Cuprés-sus
Curcù-ligo

Cúr-cuma
Cyanò-tis
Cyáth-ea
Cyathò-des
Cỳ-cas
Cýc-lamen
Cyclanthè-ra
Cyclán-thus
Cyclóph-orus
Cycnò-ches
Cydís-ta
Cydò-nia
Cymbalà-ria
Cymbíd-ium
Cymbopò-gon
Cynán-chum
Cýn-ara
Cýn-odon
Cynoglós-sum
Cynosù-rus
Cypél-la
Cypè-rus
Cyphomán-dra
Cypripè-dium
Cyríl-la
Cyrtò-mium
Cyrtopò-dium
Cyrtós-tachys
Cystóp-teris
Cýt-isus

Daboè-cia
Dacrýd-ium
Dæmón-orops
Dáh-lia
Dà-is
Dalbér-gia
Dà-lea
Dalechám-pia
Dalibár-da
Dà-næ
Dáph-ne
Daphniphýl-lum
Darlingtò-nia
Darwín-ia
Dasylír-ion
Datís-ca
Datù-ra
Daubentò-nia
Daù-cus
Davál-lia
Davíd-ia
Debregeà-sia
Decaì-snea
Deckè-nia
Déc-odon
Decumà-ria
Deeríng-ia
Delò-nix
Delospér-ma
Delós-toma
Delphín-ium
Demazè-ria
Dendrò-bium
Dendrocál-amus
Dendrochì-lum
Dendromè-con
Dennstǽd-tia
Dentà-ria
Dér-ris
Desfontaì-nea
Desmán-thus
Desmò-dium
Desmón-cus
Detà-rium
Deù-tzia
Diác-rium
Dianél-la
Dián-thus
Diapén-sia
Diás-cia
Dicén-tra
Dichorisán-dra
Dicksò-nia
Dicranostíg-ma
Dictám-nus
Dictyospér-ma
Dieffenbách-ia
Dierà-ma
Diervíl-la
Digità-lis
Dillè-nia
Dillwýn-ia
Dimorphothè-ca
Dinè-ma
Dioclè-a
Dì-on
Dionǽ-a
Dioscorè-a
Diós-ma
Diospỳ-ros
Diò-tis
Dipél-ta
Diphyllè-ia
Dipladè-nia
Diplà-zium
Diploglót-tis
Diplotáx-is
Díp-sacus
Dipterò-nia
Dír-ca
Dì-sa
Discár-ia
Discocác-tus
Disocác-tus
Disphỳ-ma
Dís-porum
Dís-tictis
Distỳ-lium
Dizygothè-ca
Docýn-ia
Dodecà-theon
Dodonǽ-a
Dolichán-dra
Dól-ichos
Dolicothè-le
Dombè-ya
Doò-dia
Dór-itis

Dorón-icum
Dorotheán-thus
Dorstè-nia
Doryán-thes
Dorýc-nium
Doryóp-teris
Dossín-ia
Douglás-ia
Dovỳ-alis
Downín-gia
Doxán-tha
Drà-ba
Dracǽ-na
Dracocéph-alum
Dracún-culus
Drì-mys
Drosán-themum
Drós-era
Dryán-dra
Drỳ-as
Dryóp-teris
Duchés-nea
Duggè-na
Durán-ta
Dù-rio
Duvà-lia
Dýck-ia
Dyschorís-te
Dysóx-ylum

Éb-enus
Ecbál-lium
Eccremocár-pus
Echevè-ria
Echidnóp-sis
Echinà-cea
Echinocác-tus
Echinocè-reus
Echinóch-loa
Echinocýs-tis
Echinomás-tus
Echinóp-anax
Echì-nops

Echinóp-sis
Echì-tes
Éch-ium, È-chium
Edgewór-thia
Edraián-thus
Ehrè-tia
Eichhór-nia
Elæág-nus
Elǽ-is
Elæocár-pus
Elæodén-dron
Elaphoglós-sum
Elettà-ria
Eleusì-ne
Elió-tia
Elodè-a
Elshólt-zia
Él-ymus
Embò-thrium
Emíl-ia
Emmenán-the
Emmenóp-terys
Ém-petrum
Encè-lia
Encephalár-tos
Enchylǽ-na
Encýc-lia
Enkián-thus
Entelè-a
Enterolò-bium
Eomè-con
Ép-acris
Éph-edra
Epidén-drum
Epigǽ-a
Epilò-bium
Epimè-dium
Epipác-tis
Epiphronì-tis
Epiphyllán-thus
Epiphýl-lum
Epís-cia
Epithelán-tha

Equisè-tum
Eragrós-tis
Erán-themum
Erán-this
Ercíl-la
Eremǽ-a
Eremóch-loa
Eremocít-rus
Eremós-tachys
Eremù-rus
Erép-sia
È-ria
Erián-thus
Erì-ca
Ericamè-ria
Erigenì-a
Eríg-eron
Erì-nus
Eriobót-rya
Eriocéph-alus
Erióg-onum
Erióph-orum
Eriophýl-lum
Erióp-sis
Eriostè-mon
Eritrích-ium
Erlán-gea
Erò-dium
Erù-ca
Ervatà-mia
Erýn-gium
Erýs-imum
Erythè-a
Erythrì-na
Erythrò-nium
Erythróx-ylon
Escallò-nia
Eschschól-zia
Escobà-ria
Escón-tria
Euán-the
Eucalýp-tus
Eucharíd-ium

属名一覧

Eù-charis	Fittò-nia	Gaù-ra
Euchlǽ-na	Fitzrò-ya	Gaús-sia
Eù-comis	Flacoúrt-ia	Gaỳ-a
Eucóm-mia	Flemín-gia	Gaylussà-cia
Eucrýph-ia	Fœníc-ulum	Gazà-nia
Eugè-nia	Fontanè-sia	Geitonoplè-sium
Euón-ymus	Forestiè-ra	Gelsè-mium
Eupatò-rium	Forsýth-ia	Geniós-toma
Euphór-bia	Fortunél-la	Genì-pa
Euphò-ria	Forthergíl-la	Genís-ta
Eù-ploca	Fouquiè-ria	Gentià-na
Euprítchár-dia	Fragà-ria	Geón-oma
Euptè-lea	Francò-a	Gerà-nium
Eurò-tia	Frankè-nia	Gerbè-ria
Eù-rya	Frasè-ra	Gesnouín-ia
Eurỳ-ale	Fráx-inus	Gè-um
Eù-scaphis	Freè-sia	Gevuì-na
Eù-stoma	Fremón-tia	Gíl-ia
Eù-strephus	Freycinè-tia	Gilibért-ia
Eutáx-ia	Fritillà-ria	Gillè-nia
Eutér-pe	Frœlích-ia	Gínk-go
Evò-dia	Fù-chsia	Gladì-olus
Evól-vulus	Fumà-ria	Glaucíd-ium
Éx-acum	Furcrǽ-a	Glaúc-ium
Exóch-orda		Glaúx
	Gà-gea	Gledít-sia
Fabià-na	Gaillár-dia	Gliricíd-ia
Fagopỳ-rum	Galactì-tes	Globulà-ria
Fà-gus	Galán-thus	Gloriò-sa
Fát-sia	Gà-lax	Glottiphýl-lum
Faucà-ria	Galeán-dra	Glycè-ria
Fè-dia	Galè-ga	Glycì-ne
Feijò-a	Gà-lium	Glycós-mis
Felíc-ia	Galtò-nia	Glycyrrhì-za
Fenestrà-ria	Galvè-zia	Glyptós-trobus
Ferocác-tus	Gamól-epis	Gmelì-na
Ferò-nia	Garbè-ria	Gnaphà-lium
Feroniél-la	Garcín-ia	Godè-tia
Fér-ula	Gardè-nia	Gomè-sa
Festù-ca	Gár-rya	Gomphocár-pus
Fì-cus	Gastè-ria	Gompholò-bium
Filipén-dula	Gastrochì-lus	Gomphrè-na
Firmià-na	Gaulthè-ria	Gongò-ra

159

Goò-dia
Gordò-nia
Gormà-nia
Gossýp-ium
Gourliè-a
Grabòw-skia
Grammatophýl-lum
Graptopét-alum
Graptophýl-lum
Gratì-ola
Greì-gia
Grevíl-lea
Grè-wia
Grè-yia
Grindè-lia
Griselín-ia
Guaì-cum
Guiliél-ma
Guizò-tia
Gunnè-ra
Guzmà-nia
Gymnocalýc-ium
Gymnóc-ladus
Gymnospò-ria
Gynandróp-sis
Gynè-rium
Gynù-ra
Gypsóph-ila

Habenà-ria
Habér-lea
Hacquè-tia
Hæmán-thus
Hæmà-ria
Hæmatóx-ylum
Hà-kea
Halè-sia
Halimodén-dron
Hamamè-lis
Hamatocác-tus
Hamè-lia
Harboù-ria
Hardenbér-gia

Harpephýl-lum
Harrís-ia
Hartwè-gia
Hatiò-ra
Hawór-thia
Hè-be
Hebenstreì-tia
Hedeò-ma
Héd-era
Hedycà-rya
Hedých-ium
Hedýs-arum
Hedyscè-pe
Heì-mia
Helè-nium
Heliám-phora
Helianthél-la
Helián-themum
Helián-thus
Helichrỳ-sum
Helicodíc-eros
Helicò-nia
Heliocè-reus
Helióp-sis
Heliotrò-pium
Helíp-terum
Helléb-orus
Helò-nias
Helwín-gia
Helxì-ne
Hemerocál-lis
Hemián-dra
Hemicỳ-clia
Hemíg-raphis
Hemionì-tis
Hemiptè-lia
Hepát-ica
Heraclè-um
Hererò-a
Hernià-ria
Hesperà-loe
Hesperethù-sa
Hés-peris

Hesperoyúc-ca
Heterocén-tron
Heteromè-les
Heterós-pathe
Heterospér-mum
Heuchè-ra
Hè-vea
Hibbér-tia
Hibís-cus
Hicksbeà-chia
Hidalgò-a
Hierà-cium
Hippeás-trum
Hippocrè-pis
Hippóph-aë
Hoffmán-nia
Hohè-ria
Hól-cus
Holmskiól-dia
Holodís-cus
Holoptè-lea
Homalán-thus
Homalocéph-ala
Homaloclà-dium
Homalomè-na
Hór-deum
Hormì-num
Hosáck-ia
Hò-sta
Houllè-tia
Houstò-nia
Houttuỳ-nia
Hò-vea
Hovè-nia
Hòw-ea
Hoỳ-a
Huér-nia
Hufelán-dia
Humà-ta
Hù-mea
Hù-mulus
Hunnemán-nia
Hù-ra

Hutchín-sia
Hyacín-thus
Hydrán-gea
Hydrás-tis
Hydriastè-le
Hydróch-aris
Hydrò-cleys
Hydrocót-yle
Hydrò-lea
Hydrophýl-lum
Hydrós-me
Hylocè-reus
Hymenǽ-a
Hymenán-thera
Hymenocál-lis
Hymenós-porum
Hyophór-be
Hyoscỳ-amus
Hypér-icum, Hyperì-cum
Hyphǽ-ne
Hypocalým-ma
Hypochœ-ris
Hypól-epis
Hypóx-is
Hyssò-pus
Hýs-trix

Ibè-ris
Ibò-za
Idè-sia
Íd-ria
Î-lex
Illíc-ium
Impà-tiens
Incarvíl-lea
Indigóf-era
Ín-ga
Ingenhoù-zia
Ín-ula
Iochrò-ma
Ioníd-ium
Ionopsíd-ium

Ipomœ̀-a
Iresì-ne
Î-ris
Ís-atis
Isér-tia
Isolò-ma
Isopléx-is
Isopò-gon
Isopỳ-rum
Isót-oma
Ít-ea
Íx-ia
Ixiolír-ion
Ixò-ra

Jacarán-da
Jacobín-ia
Jacquemón-tia
Jasiò-ne
Jás-minum
Ját-ropha
Jeffersò-nia
Jovellà-na
Juà-nia
Jubǽ-a
Júg-lans
Jún-cus
Juníp-erus
Jussiǽ-a
Justíc-ia

Kadsù-ra
Kagenéck-ia
Kalán-choë
Kál-mia
Kenned-ia
Kén-tia
Kentióp-sis
Kernè-ra
Kér-ria
Keteleè-ria
Kíck-xia

Kigè-lia
Kirengeshò-ma
Kitaibè-lia
Knì-ghtia
Kniphò-fia
Kò-chia
Koelè-ria
Kœlreutè-ria
Kò-kia
Kolkwít-zia
Korthál-sia
Kostelét-zkya
Kramè-ria
Kríg-ia
Kù-hnia
Kún-zea

Labúr-num
Lachenà-lia
Lactù-ca
Lǽ-lia
Lǽliocátt-leya
Lagenà-ria
Lagerstrœ̀-mia
Lagunà-ria
Lagù-rus
Lallemán-tia
Lamár-ckia
Lambért-ia
Là-mium
Lamprán-thus
Lantà-na
Lapagè-ria
Lapeiroù-sia
Láp-pula
Lardizabà-la
Là-rix
Lár-rea
Laserpít-ium
Lasthè-nia
Latà-nia
Láth-yrus
Laurè-lia

Laù-rus
Laván-dula
Laván-ga
Lavát-era
Lawsò-nia
Là-yia
Lè-dum
Leè-a
Leiophýl-lum
Lemaireocè-reus
Lém-na
Léns
Leonò-tis
Leontopò-dium
Leonù-rus
Lép-achys
Lepíd-ium
Leptóch-loa
Leptodác-tylon
Leptodér-mis
Leptóp-teris
Leptopỳ-rum
Leptospér-mum
Leptós-yne
Lép-totes
Leschenaù-ltia
Lespedè-za
Lesquerél-la
Lettsò-mia
Leucadén-dron
Leucǽ-na
Leuchè-ria
Leucóc-rinum
Leucò-jum
Leucophýl-lum
Leucóth-oë
Leù-zea
Levís-ticum
Lewís-ia
Leycestè-ria
Lià-tris
Libér-tia
Libocéd-rus

Licuà-la
Ligulà-ria
Ligús-ticum
Ligù-strum
Líl-ium
Limnán-thes
Limnóch-aris
Limò-nium
Linán-thus
Linà-ria
Lindelò-fia
Linnǽ-a
Linospà-dix
Linós-yris
Lì-num
Líp-aris
Líp-pia
Liquidám-bar
Liriodén-dron
Lirì-ope
Listè-ra
Lì-tchi
Lithocár-pus
Lithodò-ra
Lithofrág-ma
Líth-ops
Lithospér-mum
Lithrǽ-a
Lít-sea
Livistò-na
Loà-sa
Lobè-lia
Lobív-ia
Lobulà-ria
Lockhár-tia
Lodoì-cea
Loesè-lia
Logà-nia
Loiseleù-ria
Lò-lium
Lomà-tia
Lomà-tium
Lò-nas

Lonchocár-pus
Loníc-era
Lopè-zia
Lophóph-ora
Loropét-alum
Lò-tus
Lucù-lia
Lucù-ma
Ludwíg-ia
Luét-kea
Lúf-fa
Lunà-ria
Lupì-nus
Lycás-te
Lých-nis
Lýc-ium
Lycopér-sicon
Lycopò-dium
Lýc-opus
Lýc-oris
Lygò-dium
Lyò-nia
Lyonothám-nus
Lysichì-tum
Lysimà-chia
Lýth-rum

Maà-ckia
Mà-ba
Machærocè-reus
Mackà-ya
Macleà-ya
Maclù-ra
Macradè-nia
Macróp-iper
Macrozà-mia
Madacà-mia
Maddè-nia
Mà-dia
Mǽ-sa
Magnò-lia
Mahér-nia
Mahobér-beris

Mahò-nia
Maián-themum
Majorà-na
Malách-ra
Malacocár-pus
Malacóth-rix
Malcò-mia
Maléph-ora
Mallò-tus
Mál-ope
Malortì-ea
Malpíg-hia
Mál-va
Malvás-trum
Malvavís-cus
Mamillóp-sis
Mám-mea
Mammillà-ria
Mandevíl-la
Mandrág-ora
Manét-tia
Manfrè-da
Mangíf-era
Mán-ihot
Manulè-a
Marán-ta
Marát-tia
Margyricár-pus
Már-ica
Marrù-bium
Marsdè-nia
Marsíl-ea
Martinè-zia
Mascarenhà-sia
Masdevál-lia
Mathì-ola
Matricà-ria
Maurán-dia
Maxillà-ria
Maytè-nus
Mà-zus
Meconóp-sis
Medè-ola

Medicà-go
Mediníl-la
Mediocác-tus
Melaleù-ca
Melampò-dium
Melán-thium
Melasphæ̀-rula
Melás-toma
Mè-lia
Melián-thus
Mél-ica
Melicóc-ca
Melicỳ-tus
Melilò-tus
Meliós-ma
Melís-sa
Melít-tis
Melocác-tus
Melò-thria
Menispér-mum
Menodò-ra
Mén-tha
Mentzè-lia
Menyán-thes
Menziè-sia
Merà-tia
Mercurià-lis
Mertén-sia
Mér-yta
Mesembryán-
  themum
Més-pilus
Metrosidè-ros
Mè-um
Michaù-xia
Michè-lia
Micò-nia
Microcít-rus
Microcỳ-cas
Microglós-sa
Microlè-pia
Micromè-ria
Micrós-tylis

Mikà-nia
Míl-la
Miltò-nia
Mimò-sa
Mím-ulus
Mím-usops
Miráb-ilis
Miscán-thus
Mitchél-la
Mitél-la
Mitrà-ria
Molín-ia
Molopospér-mum
Mól-tkia
Molucél-la
Momór-dica
Monár-da
Monardél-la
Món-do
Monè-ses
Monotág-ma
Monót-ropa
Monstè-ra
Montanò-a
Montezù-ma
Món-tia
Monvíl-lea
Morè-a
Morì-na
Morín-da
Morín-ga
Mò-rus
Moschà-ria
Mucù-na
Murræ̀-a
Mù-sa
Muscà-ri
Mutís-ia
Myóp-orum
Myosotíd-eum
Myosò-tis
Myrì-ca
Myricà-ria

Myriocéph-alus
Myriophýl-lum
Myrospér-mum
Myróx-ylon
Myrrhì-num
Mýr-rhis
Mýr-sine
Myrtillocác-tus
Mýr-tus
Mystacíd-ium

Nægè-lia
Nanán-thus
Nandì-na
Nán-norrhops
Narcís-sus
Nastúr-tium
Navarrét-ia
Neíl-lia
Nelúm-bium
Nemás-tylis
Nemè-sia
Nemopán-thus
Nemóph-ila
Neobés-seya
Neolloỳ-dia
Nepén-thes
Nép-eta
Nephról-epis
Nerì-ne
Nè-rium
Nertè-ra
Neviù-sia
Neyraù-dia
Nicán-dra
Nicotià-na
Nidulà-rium
Nierembér-gia
Nigél-la
Nì-pa
Nolà-na
Nolì-na
Nól-tea

Nopà-lea
Nopalxò-chia
Normán-bya
Nothofà-gus
Nothól-cus
Nothóp-anax
Nothoscór-dum
Notò-nia
Nototrích-ium
Nyctán-thes
Nyctocè-reus
Nymphæ̀-a
Nymphoì-des
Nymphozán-thus
Nýs-sa

Óch-na
Ò-cimum
Octomè-ria
Odontiò-da
Odontoglós-sum
Odontonè-ma
Odontosò-ria
Œnothè-ra
Ò-lea
Oleà-ria
Oliverán-thus
Omphalò-des
Oncíd-ium
Ón-coba
Onób-rychis
Onoclè-a
Onò-nis
Onorpór-dum
Onós-ma
Onosmò-dium
Oných-ium
Ophioglós-sum
Ò-phrys
Oplís-menus
Opún-tia
Ór-chis
Oreóp-anax

Oríg-anum
Oríx-a
Ormò-sia
Ornithíd-ium
Ornithochì-lus
Ornithóg-alum
Orníth-opus
Orón-tium
Oróx-ylon
Orthocár-pus
Orỳ-za
Osculà-ria
Osmán-thus
Osmarò-nia
Osmorhì-za
Osmún-da
Osetomè-les
Ostròw-skia
Ós-trya
Othón-na
Ourís-ia
Óx-alis
Oxè-ra
Oxydén-drum
Oxylò-bium
Oxypét-alum
Oxýt-ropis

Pachì-ra
Pachís-tima
Pachycè-reus
Pachýph-ytum
Pachyrhì-zus
Pachysán-dra
Pachýs-tachys
Pachystè-gia
Pæò-nia
Palà-quium
Palicoù-rea
Palisò-ta
Paliù-rus
Palmerél-la
Pà-nax

属名一覧

Pancrà-tium
Pandà-nus
Pandò-rea
Pán-icum
Papà-ver
Paphiopè-dilum
Paradì-sea
Paramíg-nya
Parietà-ria
Pà-ris
Parkinsò-nia
Parmentiè-ra
Parnás-sia
Paróch-etus
Paroných-ia
Parrò-tia
Parrotióp-sis
Parthè-nium
Parthenocís-sus
Pás-palum
Passiflò-ra
Pastinà-ca
Paullín-ia
Paulòw-nia
Pavò-nia
Pediculà-ris
Pedilán-thus
Pediocác-tus
Pelargò-nium
Pelecýph-ora
Pellǽ-a
Pelliò-nia
Peltán-dra
Peltà-ria
Peltiphýl-lum
Peltóph-orum
Peniocè-reus
Pennán-tia
Pennisè-tum
Penstè-mon
Pentaglót-tis
Pentapterýg-ium
Peperò-mia

Perés-kia
Pereskióp-sis
Perè-zia
Períl-la
Períp-loca
Peristè-ria
Perís-trophe
Pernét-tia
Peróv-skia
Pér-sea
Persoò-nia
Pescatò-ria
Petalostè-mum
Petasì-tes
Petivè-ria
Petrè-a
Petrocál-lis
Petrocóp-tis
Petróph-ila
Petróph-ytum
Petroselì-num
Pettè-ria
Petù-nia
Peucéd-anum
Peù-mus
Phacè-lia
Phædrán-thus
Phà-ius
Phalænóp-sis
Phál-aris
Phasè-olus
Phebà-lium
Phellodén-dron
Phellospér-ma
Philadél-phus
Philè-sia
Philibér-tia
Phillýr-ea
Philodén-dron
Phlè-um
Phlò-mis
Phlóx
Phœ-be

Phœ-nix
Pholidò-ta
Phór-mium
Photín-ia
Phragmì-tes
Phygè-lius
Phýl-ica
Phyllág-athis
Phyllán-thus
Phyllì-tis
Phyllocác-tus
Phyllóc-ladus
Phyllód-oce
Phyllós-tachys
Phýs-alis
Physocár-pus
Physosì-phon
Physostè-gia
Phytél-ephas
Phyteù-ma
Phytolác-ca
Pì-cea, Píc-ea
Píc-ris
Pì-eris
Píl-ea, Pì-lea
Pilocè-reus
Pimè-lea
Pimén-ta
Pimpinél-la
Pinán-ga
Pinguíc-ula
Pì-nus
Pì-per
Piptadè-nia
Piptán-thus
Piquè-ria
Pisò-nia
Pistà-cia
Pís-tia
Pì-sum
Pitcaír-nia
Pithecellò-bium
Pithecoctè-nium

Pittós-porum
Pityrográm-ma
Plagián-thus
Planè-ra
Plantà-go
Plát-anus
Platycà-rya
Platycè-rium
Platycò-don
Platymís-cium
Platystè-mon
Pleiogýn-ium
Pleiò-ne
Pleiospì-los
Pleurothál-lis
Plumbà-go
Plumè-ria
Pò-a
Podachǽ-nium
Podalýr-ia
Podocár-pus
Podól-epis
Podophýl-lum
Pogò-nia
Poincià-na
Polanís-ia
Polemò-nium
Polián-thes
Poliothýr-sis
Pól-lia
Polyandrocóc-cos
Polýg-ala
Polygón-atum
Polýg-onum
Polypò-dium
Polypò-gon
Polýp-teris
Polýs-cias
Polystà-chya
Polýs-tichum
Pomadér-ris
Poncì-rus
Pongà-mia

Pontadè-ria
Póp-ulus
Porà-na
Portlán-dia
Portulà-ca
Portulacà-ria
Posoquè-ria
Potentíl-la
Potè-rium
Pò-thos
Prà-tia
Prém-na
Prenán-thes
Prím-ula
Prinsè-pia
Pritchár-dia
Proboscíd-ea
Promenǽ-a
Prosò-pis
Prostanthè-ra
Prò-tea
Prunél-la
Prù-nus
Pseuderán-themum
Pseudolà-rix
Pseudóp-anax
Pseudophœ-nix
Pseudotsù-ga
Psíd-ium
Psophocár-pus
Psorà-lea
Psychò-tria
Ptè-lea
Pterè-tis
Pteríd-ium
Ptè-ris
Pterocà-rya
Pterocéph-alus
Pterospér-mum
Pterós-tyrax
Pterygò-ta
Ptychorà-phis
Ptyschospér-ma

Puerà-ria
Pulicà-ria
Pulmonà-ria
Pultenǽ-a
Pù-nica
Púr-shia
Puschkín-ia
Pù-ya
Pycnán-themum
Pychnós-tachys
Pyracán-tha
Pyrè-thrum
Pýr-ola
Pyrostè-gia
Pỳ-rus
Pyxidanthè-ra

Quám-oclit
Quás-sia
Quér-cus
Quillà-ja
Quín-cula
Quintín-ia
Quisquà-lis

Radermách-ia
Rajà-nia
Ramón-da
Ranè-vea
Ranún-culus
Raoù-lia
Ráph-anus
Ráph-ia
Raphiól-epis
Rathbù-nia
Ravenà-la
Rebù-tia
Rehmán-nia
Reichár-dia
Reinéck-ia
Reinwár-dtia
Renanthè-ra
Resè-da

Rhabdothám-nus
Rhagò-dia
Rhám-nus
Rhaphithám-nus
Rhapidophýl-lum
Rhà-pis
Rhektophýl-lum
Rhè-um
Rhéx-ia
Rhinán-thus
Rhipóg-onum
Rhíp-salis
Rhizóph-ora
Rhodóch-iton
Rhododén-dron
Rhodomýr-tus
Rhodós-tachys
Rhodothám-nus
Rhodót-ypus
Rhœ-o
Rhombophýl-lum
Rhopalós-tylis
Rhús
Rhynchò-sia
Rhynchós-tylis
Rhyticò-cos
Rì-bes
Ríc-cia
Richár-dia
Ríc-inus
Ricò-tia
Rivì-na
Robín-ia
Rò-chea
Rodgér-sia
Rodriguè-zia
Roemè-ria
Ròh-dea
Rollín-ia
Romanzóf-fia
Rondelè-tia
Rò-sa
Roschè-ria

Roseocác-tus
Rosmarì-nus
Roúp-ala
Royè-na
Roystò-nea
Rùbia
Rù-bus
Rudbéck-ia
Ruél-lia
Rù-mex
Rús-cus
Russè-lia
Rù-ta

Sà-bal
Sác-charum
Sadlè-ria
Sagerè-tia
Sagì-na
Sagittà-ria
Saintpaù-lia
Salicór-nia
Sà-lix
Salpichrò-a
Salpiglós-sis
Sál-sola
Sál-via
Salvín-ia
Samanè-a
Sambù-cus
Sám-olus
Samuè-la
Sanchè-zia
Sanguinà-ria
Sanguisór-ba
Sansevié-ria
Sán-talum
Santolì-na
Sanvità-lia
Sapín-dus
Sà-pium
Saponà-ria
Sapò-ta

Sarà-ca
Sarcán-thus
Sarchochì-lus
Sarcocóc-ca
Sarcoglót-tis
Sarracè-nia
Sás-a
Sás-safras
Saturè-ja
Sauróm-atum
Saurù-rus
Saussù-rea
Saxegothǽ-a
Saxíf-raga
Scabiò-sa
Scelè-tium
Schauè-ria
Scheè-lea
Schefflè-ra
Schì-ma
Schì-nus
Schisán-dra
Schismatoglót-tis
Schiveréck-ia
Schizǽ-a
Schizán-thus
Schizobasóp-sis
Schizocén-tron
Schizocò-don
Schizolò-bium
Schizopét-alon
Schizophrág-ma
Schizós-tylis
Schlumbergè-ra
Schombúrg-kia
Schò-tia
Schrán-kia
Sciadóp-itys
Scíl-la
Scindáp-sus
Scír-pus
Sclerocác-tus
Scleropò-a

Scól-ymus
Scorpiù-rus
Scorzonè-ra
Scrophulà-ria
Scutellà-ria
Scuticà-ria
Secà-le
Sè-chium
Securíd-aca
Securíg-era
Sè-dum
Selaginél-la
Selenicè-reus
Selenipè-dium
Sém-ele
Semmán-the
Sempervì-vum
Senè-cio
Sequò-ia
Serenò-a
Sericocár-pus
Serís-sa
Serjà-nia
Serrát-ula
Sés-amum
Sesbà-nia
Setà-ria
Severín-ia
Shephér-dia
Shór-tia
Sibirǽ-a
Sibthór-pia
Sicà-na
Síc-yos
Sidál-cea
Siderì-tis
Sideróx-ylon
Sigmatós-talix
Silè-ne
Síl-phium
Síl-ybum
Simmónd-sia
Sinnín-gia

Sinomè-nium
Siphonán-thus
Sisyrín-chium
Sì-um
Skím-mia
Smilacì-na
Smì-lax
Sobrà-lia
Solán-dra
Solà-num
Soldanél-la
Solidà-go
Solís-ia
Sól-lya
Són-chus
Sonerì-la
Sóph-ora, Sophò-ra
Sophronì-tis
Sorbà-ria
Sorbarò-nia
Sór-bus
Sparáx-is
Sparmán-nia
Spár-tium
Spathiphýl-lum
Spathò-dea
Spathoglót-tis
Speculà-ria
Spér-gula
Sphác-ele
Sphærál-cea
Spigè-lia
Spilán-thes
Spinà-cia
Spirǽ-a
Spirán-thes
Spironè-ma
Spón-dias
Sprà-guea
Sprekè-lia
Spyríd-ium
Stà-chys
Stachytarphè-ta

Stachyù-rus
Stanhò-pea
Stapè-lia
Staphylè-a
Stát-ice
Stauntò-nia
Steironè-ma
Stellà-ria
Stenán-driuṁ
Stenán-thium
Stenocár-pus
Stenochlǽ-na
Stenoglót-tis
Stenolò-bium
Stenospermà-tion
Stenotáph-rum
Stephanán-dra
Stephanomè-ria
Stephanò-tis
Stercù-lia
Sterlít-zia
Sternbér-gia
Stevensò-nia
Stè-via
Stewár-tia
Stigmaphýl-lon
Stilbocár-pa
Stì-pa
Stizolò-bium
Stokè-sia
Stranvǽ-sia
Stratiò-tes
Streptocár-pus
Strelít-zia
Streptocár-pus
Strép-topus
Streptosò-len
Strobilán-thes
Stromán-the
Strombocác-tus
Strombocár-pa
Strých-nos
Stylíd-ium

Stylóph-orum
Stylophýl-lum
Stỳ-rax
Succì-sa
Sutherlán-dia
Suttò-nia
Swainsò-na
Swietè-nia
Swinglè-a
Symphoricár-pos
Symphyán-dra
Sým-phytum
Symplocár-pus
Sým-plocos
Synadè-nium
Syncár-pia
Synechán-thus
Syntherís-ma
Sýn-thyris
Syrín-ga

Tabebù-ia
Tabernæmontà-na
Tác-ca
Tæníd-ia
Tagè-tes
Taiwà-nia
Talì-num
Tamarín-dus
Tám-arix
Tà-mus
Tanacè-tum
Taraktogè-nos
Taráx-acum
Taxò-dium
Táx-us
Téc-oma
Tecomà-ria
Téc-tona
Telè-phium
Tellì-ma
Telò-pea

Templetò-nia
Tephrò-sia
Terminà-lia
Ternstrœ̀-mia
Testudinà-ria
Tetracén-tron
Tetraclì-nis
Tetragò-nia
Tetráp-anax
Tetrapathǽ-a
Tetrathè-ca
Teù-crium
Thà-lia
Thalíc-trum
Thamnocál-amus
Thè-a
Thelespér-ma
Thelocác-tus
Thelypò-dium
Theobrò-ma
Thermóp-sis
Thespè-sia
Thevè-tia
Thlás-pi
Thomás-ia
Thrì-nax
Thrixspér-mum
Thryál-lis
Thù-ja
Thujóp-sis
Thunbér-gia
Thù-nia
Thỳ-mus
Thysanolǽ-na
Thysanò-tus
Tiarél-la
Tibouchì-na
Tigríd-ia
Tíl-ia
Tillánd-sia
Tinán-tia
Tipuà-na
Titanóp-sis

Tithò-nia
Tocò-ca
Tolmiè-a
Tól-pis
Torè-nia
Torrè-ya
Tovà-ra
Townsén-dia
Trachè-lium
Trachelospér-mum
Trachycár-pus
Trachým-ene
Trachystè-mon
Tradescán-tia
Tragopò-gon
Trà-pa
Trautvettè-ria
Trè-ma
Trevè-sia
Trevò-a
Tricalýs-ia
Trichíl-ia
Trichocè-reus
Trichodiadè-ma
Tricholǽ-na
Trichopíl-ia
Trichosán-thes
Trichós-porum
Trichostè-ma
Tricýr-tis
Trì-dax
Trientà-lis
Trifò-lium
Trigonél-la
Tríl-isa
Tríl-lium
Trimè-za
Triós-teum
Triphà-sia
Tríp-laris
Tripterýg-ium
Trisè-tum
Tristà-nia

Trithrì-nax
Trít-icum
Tritò-nia
Trochodén-dron
Tról-lius
Tropǽ-olum
Tsù-ga
Tù-lipa
Tù-nica
Tupidán-thus
Turrǽ-a
Tussà-cia
Tussilà-go
Tỳ-pha

Ù-lex
Úll-ucus
Úl-mus
Umbellulà-ria
Ungnà-dia
Unì-ola
Urbín-ia
Ù-rera
Urgín-ea
Uropáp-pus
Ursín-ia
Urtì-ca
Utriculà-ria
Uvulà-ria

Vaccín-ium
Valerià-na
Valerianél-la
Vallà-ris
Vallisnè-ria
Vallò-ta
Vancouvè-ria
Ván-da
Vandóp-sis
Vaniè-ria

Vaníl-la
Veì-tchia
Velthei-mia
Veníd-ium
Vè-pris
Verà-trum
Verbás-cum
Verbè-na
Verbesì-na
Vernò-nia
Verón-ica
Veronicás-trum
Verschafſél-tia
Verticór-dia
Vesicà-ria
Vibúr-num
Víc-ia
Victò-ria
Víg-na
Villarè-sia
Vín-ca
Vincetóx-icum
Vì-ola
Virgíl-ia
Vì-tex
Vì-tis
Vittadín-ia
Vriè-sia

Wahlenbér-gia
Waldsteì-nia
Wallích-ia
Walthè-ria
Warscewiczél-la
Warszewíc-zia
Washingtò-nia
Watsò-nia
Wedè-lia
Weigè-la
Weinmán-nia
Wérck-lea

Westríng-ia
Widdringtò-nia
Wigán-dia
Wilcóx-ia
Wistè-ria
Woód-sia
Woodwár-dia
Wulfè-nia
Wyè-thia

Xanthís-ma
Xanthóc-eras
Xanthorrhǿ-a
Xanthosò-ma
Xerán-themum
Xerophýl-lum
Xylò-bium
Xylophýl-la

Yúc-ca

Zaluzián-skya
Zà-mia
Zantedés-chia
Zanthorhì-za
Zanthóx-ylum
Zauschnè-ria
Zè-a
Zebrì-na
Zelkò-va
Zenò-bia
Zephyrán-thes
Zín-giber
Zín-nia
Zizà-nia
Zíz-yphus
Zoý-sia
Zygád-enus
Zygocác-tus
Zygopét-alum

附表2　種の形容語一覧

本リストは、綴りの確認、発音の手助けとするために、形容語をその意味とともに示したものである。

低アクセント（ ˋ ）：長母音であることを示す。
鋭アクセント（ ˊ ）：短母音、あるいは長母音とは異なるその他の母音を示す。

abbrevià-tus：省略した、短縮した
abietì-nus：モミ属（*Abies*）のような
abortì-vus：未発育の、不完全な
abrotanifò-lius：ヨモギ属の *Artemisia abrotanum* に似た葉をもつ
abrúp-tus：突然に形や性質が変わる
absinthoì-des：ヨモギ属のアブシントのような
abyssín-icus：アビシニア（エチオピア）の
acanthifò-lius：ハアザミ属（*Acanthus*）に似た葉をもつ
acanthóc-omus：刺毛のある
acaù-lis：無茎の
ác-colus：隣接した
acéph-alus：無頭の
acér-bus：粗い手触りの、苦い、酸っぱい
acerifò-lius：カエデ属（*Acer*）に似た葉をもつ
aceroì-des：カエデ属のような
acerò-sus：針形の
achilleaefò-lius：ノコギリソウ属（*Achillea*）に似た葉をもつ

aciculà-ris：針のような
acidís-simus：とても酸っぱい
ác-idus：酸味の、酸っぱい
acinà-ceus：湾曲刀形の、サーベル形の
acinacifò-lius：湾曲刀に似た葉をもつ
acinacifór-mis：湾曲刀形の
aconitifò-lius：トリカブト属（*Aconitum*）に似た葉をもつ
à-cris：鋭い
acrostichoì-des：ミミモチシダ属（*Acrostichum*）のような
acrôt-riche：有毛の唇弁をもつ
aculeatís-simus：とても刺の多い
auleà-tus：刺のある
acuminatifò-lius：鋭尖形の葉をもつ
acuminatís-simus：非常に鋭尖形の
acuminà-tus：鋭尖形の、先が長く尖った、次第に細まる
acután-gulus：鋭角の
acutíf-idus：鋭形に切れた
acutifò-lius：鋭形の葉をもつ、鋭く尖った葉をもつ
acutíl-obus：鋭形に分裂した
acutipét-alus：花弁が鋭形の

acutís-simus：非常に鋭形の
acū-tus：鋭形の、鋭く尖った
adenóph-orus：腺をもつ
adenophýl-lus：腺のある葉をもつ
adenóp-odus：腺のある花柄をもつ
adiantoî-des：ホウライシダ属（*Adiantum*）のような
admiráb-ilis：みごとな、注目すべき
adnā-tus：合着した、沿着した
adonidifô-lius：フクジュソウ属（*Adonis*）に似た葉をもつ
adprés-sus：圧着した
adscén-dens：斜上する
adsúr-gens：斜上する
adún-cus：鉤状に曲がった
ád-venus：新参の、外来の
aegyptī-acus：エジプトの
aém-ulus：競い合っている、模倣の
aequinoctiā-lis：彼岸のころの、赤道の
aequipét-alus：同形の花弁をもつ
aequitrīl-obus：等しく3分裂した
aē-rius：気生の、気中の
aeruginō-sus：色あせた、赤錆色の
aestivā-lis：夏の
aestī-vus：夏の［緯度による季節のズレに注意。中緯度地帯で春咲きの植物にこの形容語が付されていることあり］
aethióp-icus：エチオピアの、アフリカの
affī-nis：関係のある、近縁の
ā-fra：アフリカの
africā-nus：アフリカの
agavoî-des：リュウゼツラン属（*Agave*）のような
ageratifô-lius：キク科の *Ageratum* に似た葉をもつ
ageratoî-des：キク科の *Ageratum* のような
aggregā-tus：密集した
agrā-rius：野生の
agrés-tis：野生の
agrifô-lius：粗い葉をもつ
aizoî-des：ツルナ科の *Aizoon* のような
alā-tus：翼のある
albés-cens：白っぽい
ál-bicans：白っぽい
albicaū-lis：白い茎をもつ
ál-bidus：白い
albiflō-rus：白い花をもつ
ál-bifrons：白い葉身をもつ
albispī-nus：白い刺をもつ
albocínc-tus：白く取り囲まれた、白覆輪の
albo-píc-tus：白く彩られた
albo-pilō-sus：白毛に覆われた
albospī-cus：白い穂状の
ál-bulus：白っぽい
ál-bus：白い
alchemilloî-des：ハゴロモグサ属（*Alchemilla*）のような
alcicór-nis：オオシカ（elk）の角のような
alép-picus：アレッポ（シリアの地名）の
alexandrī-nus：アレクサンドリア（エジプトの地名）の
ál-gidus：寒地を好む
aliē-nus：外国の、類縁のない
alliā-ceus：ネギ類の、ニンニクのような
alliariaefô-lius [alliariifolius]：*Alliaria* に似た葉をもつ
alnifô-lius：ハンノキ属（*Alnus*）に似た葉をもつ
aloî-des, alooî-des：アロエ（*Aloe*）

のような
aloifô-lius：アロエに似た葉をもつ
alopecurioî-des：イネ科の *Alopecurus* のような
alpés-tris：亜高山の
alpíg-enus：高山の
alpî-nus：高山の
altà-icus：アルタイ山脈（シベリア）の
altér-nans：互生の
alternifô-lius：互生葉をもつ
altér-nus：互生の
althaeoî-des：タチアオイのような
ál-tifrons：高いところに葉身のついた
altís-simus：非常に丈の高い、最も高い
ál-tus：丈の高い
alúm-nus：繁茂した、強い
alyssoî-des：アブラナ科の *Alyssum* のような
amáb-ilis：愛らしい
amaranthoî-des：アマランス［ヒユ属の観賞植物］のような
amarantíc-olor：アマランスに似た色をもつ、紅紫色の
amaricaù-lis：苦い味の茎をもつ
amà-rus：苦い味の
amazón-icus：アマゾン川流域の
ambíg-uus：不確実な、疑わしい
amblỹ-odon：鈍い歯をもつ、鈍鋸歯の
ambrosioî-des：ブタクサ属（*Ambrosia*）のような
amelloî-des：キク科の *Amellus* のような
americà-nus：アメリカの
amethýs-tinus：紫水晶色の、紫色の
amethystoglós-sus：紫色の舌（舌状部）をもつ
ammóph-ilus：砂地を好む
amœ-nus：魅力的な、好ましい
amphíb-ius：水陸両生の、地上にも水中にも生える
amplexicaù-lis：抱茎の
amplexifô-lius：葉が茎を抱く
amplià-tus：拡大した
amplís-simus：最も広い、たいへん広い
ám-plus：広い、大きい
amurén-sis：（北東アジアの）アムール川流域の
amygdalifór-mis：アーモンド形の
amygdál-inus：アーモンドのような
amygdaloî-des：アーモンドのような
anacán-thus：刺のない
anacardioî-des：ウルシ科の *Anacardium* のような
anagyroî-des：マメ科の *Anagyris* のような
anatól-icus：アナトリア（小アジア）の
án-ceps：両頭の、2稜形の
andíc-olus：アンデス山脈原産の
andì-nus：アンデス山脈の、アンデス山脈に属する
andróg-ynus：雌雄同株の
androsà-ceus：サクラソウ科の *Androsace* のような
androsaemifô-lius：*Androsaemum*［オトギリソウ属の古い属名］に似た葉をもつ
anemoneflô-rus [anemoniflorus]：イチリンソウ属（*Anemone*）に似た花をつける
anemonefô-lius, anemonifô-lius：イチリンソウ属に似た葉をもつ
anemonoî-des：イチリンソウ属のよ

うな

anethifô-lius：イノンド属（*Anethum*）に似た葉をもつ

aneû-rus：脈のない

anfractuô-sus：ねじれた

án-glicus：イギリスの

anguî-nus：曲がりくねった、蛇のような

angulà-ris, angulà-tus：稜のある、角ばった

angulô-sus：角ばった、多稜の

angustifô-lius：幅の狭い葉をもつ

angús-tus：狭い、細い

anisà-tum：アニス（*Pimpinella anisum*）に似た香りをもつ

anisodô-rus：アニス香の

anisophýl-lus：不等の葉をもつ

annót-inus：前年の

annulà-ris：環状の、輪状の

annulà-tus：環状の模様をもつ

án-nuus：1年生の

anóm-alus：異常の、普通でない

anopét-alus：直立する花弁をもつ

antárc-ticus：南極地方の

anthemoî-des：ローマカミツレ（*Anthemis nobilis*）のような

anthocrè-ne：花の泉

anthyllidifô-lius：マメ科の *Anthyllis vulneraria* に似た葉をもつ

antillà-ris：アンティル諸島（西インド諸島）の

antíp-odum：両極端の、相反した

antiquô-rum：古代人の

antî-quus：古代の、古い

antirrhiniflô-rus：キンギョソウ属（*Antirrhinum*）に似た花をもつ

antirrhinoî-des：キンギョソウ属のような

apennî-nus：アペニン山脈（イタリア）に属する

apér-tus：無蓋の、裸の、開いた

apét-alus：花弁のない

aphýl-lus：無葉の

apiculà-tus：小尖頭の、頂部に小突起がある

apíf-era：蜂を有する［たとえば、唇弁が蜂の形に似るランがある］

apiifô-lius：オランダミツバ属（*Apium*）に似た葉をもつ

áp-odus：足のない、無柄の

apopét-alus：離生花弁をもつ

appendiculà-tus：附属物のある

applanà-tus：平伏した

applicà-tus：加えた、取り付けた

áp-ricus：日当たりを好む

áp-terus：翼のない

aquát-icus, aquát-ilis：水生の

à-queus：水のように透明な

aquilegifô-lius [aquilegiifolius]：オダマキ属（*Aquilegia*）に似た葉をもつ

aquilî-nus：鉤形に曲がった、鷲のような

aráb-icus：アラビアの

arachnoî-des：クモの巣状の

araliaefô-lius [araliifolius]：タラノキ属（*Aralia*）に似た葉をもつ

arborés-cens：木本状に育つ、木質の

arbô-reus：高木状の

arbús-culus：小高木状の

arbutifô-lius：ツツジ科の *Arbutus* に似た葉をもつ

árc-ticus：北極の

arenà-rius, arenô-sus：砂地生の

areolà-tus：小さな窪みのある

argentà-tus：銀白色の、銀のような

argenteo-guttà-tus：銀白色の斑点のある

argén-teus：銀白色の
argillà-ceus：白っぽい、陶土色の
argophýl-lus：銀白色の葉をもつ
argù-tus：鋭鋸歯をもつ
argyràe-us：銀白色の
argyróc-omus：銀白色の毛をもつ
argyroneù-rus：銀白色の脈をもつ
argyrophýl-lus：銀白色の葉をもつ
ár-idus：乾いた、乾地生の
arietì-nus：牡羊の（角のある）頭のような
aristà-tus：芒のある
aristò-sus：芒のある
arizón-icus：アリゾナの
arkansà-nus：アーカンソーの
armà-tus：刺のある
armillà-ris：輪状に取り囲まれた
aromát-icus：芳香をもつ
arréct-us：直立した
artemisioì-des：ヨモギ属（Artemisia）のような
articulà-tus：関節のある
arundinà-ceus：アシのような
arvén-sis：耕地に生える
asarifò-lius：カンアオイ属（Asarum）に似た葉をもつ
ascalón-icus：アシケロン（パレスチナ）の
ascén-dens：斜上する
asclepiadè-us：トウワタ属（Asclepias）のような
asiát-icus：アジアの
ás-per：ざらざらした、粗面の
asperà-tus：ざらざらになった、粗面になった
aspericaù-lis：ざらざらした茎をもつ
asperifò-lius：ざらざらした葉をもつ
aspér-rimus：非常にざらざらした
asphodeloì-des：ツルボラン属（Asphodelus）のような
asplenifò-lius［aspleniifolius］：チャセンシダ属（Asplenium）に似た葉をもつ
assím-ilis：似通った、類似の
assúr-gens：斜上する
assurgentiflò-rus：斜上する花序をもつ
asteroì-des：星状の
astù-ricus：スペインのアストリアの
à-ter：暗黒色の
atlán-ticus：大西洋の
atomà-rius：小斑点のある
atrà-tus：黒くなった
atriplicifò-lius：ハマアカザ属（Atriplex）に似た葉をもつ
atrocár-pus：黒い、あるいは黒ずんだ果実をもつ
atropurpù-reus：暗紫色の
atrór-ubens：暗赤色の
atrosanguín-eus：暗血色の
atroviolà-ceus：暗菫色の
atróv-irens：暗緑色の
attenuà-tus：漸尖形の
át-ticus：ギリシアのアッティカ地方、あるいはアテネに属する
aubretioì-des：ムラサキナズナ属（Aubrieta）のような
augustís-simus：たいへん注目に値する
augús-tus：立派な、注目に値する、堂々とした
aurantì-acus：橙赤色の
aurantifò-lius：黄金色の葉をもつ［オレンジに似た葉をもつ、と解する場合もある］
aurè-olus：黄金色の
aù-reus：黄金色の
auriculà-tus：耳状の附属体をもつ

auríc-omus：黄金色の毛をもつ
aurī-tus：[長い]耳状の附属体をもつ
australién-sis：オーストラリアに属する
austrā-lis：南の
austrī-acus：オーストリアの
austrī-nus：南の
autumnā-lis：秋の
avicenniaefō-lius [avicenniifolius]：ヒルギダマシ属（*Avicennia*）に似た葉をもつ
aviculā-ris：小鳥に関係のある
ā-vium：鳥の
axillā-ris：腋生の
azaleoī-des：アザレアのような
azór-icus：アゾレス諸島の
azū-reus：淡青色の、空色の

babylón-icus：バビロニアの
bác-cans, baccā-tus：液果状になる、液果のような
baccíf-era：液果をもつ
bacterióph-ilus：バクテリアを好む
baleár-icus：バレアレス諸島の
balsā-meus：バルサムのような
balsamíf-era：バルサムを有する
bál-ticus：バルト海地方の
bambusoī-des：竹のような
banát-icus：Banat（旧オーストリア、ハンガリー帝国領地、現ルーマニア北部）の
bár-barus：外国の、異国の
barbát-ulus：ややひげのある
barbā-tus：[長い]ひげのある
barbíg-era：ひげを有する
barbinér-vis：脈にひげのある
barbinō-de：節や関節にひげのある

barbulā-tus：短いひげのある
bartiseaefō-lius：*Bartisia* [ゴマノハグサ科 *Bartsia*？] に似た葉をもつ
baselloī-des：ツルムラサキ属（*Basella*）のような
basilā-ris：基部にある、底にある
bavár-icus：バヴァリアの
bellidifō-lius：美しい葉をもつ
bellidioī-des：ヒナギク属（*Bellis*）のような[あるいはキク科の *Bellium* のような]
bél-lus：美しい、みごとな
benedíc-tus：神の恵みを受けた、賞賛された
betā-ceus：ビート（カエンサイ）のような
betonicaefō-lius, betonicifō-lius：シソ科の *Stachys officinalis* に似た葉をもつ
betulaefō-lius [betulifolius]：カバノキ属（*Betula*）に似た葉をもつ
betulī-nus：カバノキ属のような
betuloī-des：カバノキ属のような
bicarinā-tus：2つの背稜（竜骨）がある
bíc-olor：2色の
bicór-nis, bicornū-tus：2つの角をもつ、2つの角状突起をもつ
bidentā-tus：2歯がある
bién-nis：2年生の
bíf-idus：2裂した
biflō-rus：一対の花をもつ
bifō-lius：一対の葉をもつ
bifór-mis：2形の
bī-frons：2面の
bifurcā-tus：2叉分岐した
bigíb-bus：2つの膨らみをもつ、2つの突起をもつ

biglù-mis：2つの穎がある
bignonioì-des：ノウゼンカズラ科の *Bignonia* のような
bíj-ugus：二対の
bíl-obus：2裂した
binà-tus：一対状の
binervà-tus, binér-vis：2脈が目立つ
binoculà-ris：2眼をもつ、2個の斑点をもつ
bipartì-tus：2深裂した
bipét-alus：2花弁の
bipinnatíf-idus：2回羽状分裂の
bipinnà-tus：2回羽状の
bipunctà-tus：2個の斑点のある
biséc-tus：2全裂した
biserrà-tus：重鋸歯をもつ
bispinò-sus：2刺をもつ
bistór-tus：2回よじれた
bisulcà-tus：2溝のある
biternà-tus：2回3出の
bituminò-sus：タール色の
bivál-vis：2つの開裂弁をもつ
blán-dus：[味などが] 刺激的でない、心地よい
blephariglót-tis：縁毛のある舌状物をもつ
bò-nus：よい、すぐれた
borbón-icus：ブルボン王家（フランス）を記念して [あるいは、ブルボン島（レユニオン島）の]
boreà-lis：北方の
botryoì-des：房状の、ブドウ状の
brachià-tus：水平に枝が出た
brachyán-drus：短い雄しべをもつ
brachyán-thus：短い花をもつ
brachyb-otrys：短い房状の
brachycár-pus：短い果実をもつ
brachypét-alus：短い花弁をもつ
brachýp-odus：短柄（茎）をもつ
brachýt-richus：短毛をもつ
brachýt-ylus：短い花柱をもつ、短いこぶのある
bracteà-tus：苞葉のある
bracteò-sus：[顕著な] 苞葉のある
bractés-cens：苞葉状の
brasilià-nus：ブラジルの
brassicaefò-lius [brassicifolius]：アブラナ属（*Brassica*）に似た葉をもつ
brevicaudà-tus：短い尾をもつ
brevicaù-lis：短茎の
brevifò-lius：短い葉をもつ
brév-ifrons：葉身の短い
breviligulà-tus：短い舌状の
brevipaniculà-tus：短い円錐状の
brevipedunculà-tus：短い花柱をもつ
brév-ipes：短脚（柄）をもつ
brevirós-tris：短い嘴をもつ
brè-vis：短い
breviscà-pus：短い花茎の
brevisè-tus：短い剛毛のある
brevís-pathus：短い仏炎苞をもつ
brevís-simus：たいへん短い
brevís-tylus：短い花柱をもつ
brilliantís-simus：たいへん美しい
brittán-icus：イギリスの
brizaefór-mis [briziformis]：コバンソウ属（*Briza*）に似た
bronchià-lis：気管支炎に効がある
brún-neus：濃い茶色の
bucéph-alus：牛の頭のような
buddleifò-lius：フジウツギ属（*Buddleja*）に似た葉をもつ
buddleoì-des：フジウツギ属のような
bufò-nius：ヒキガエルのような [たとえば湿地に生えることを暗示]
bulbíf-era：球根をもつ、むかごをつ

177

ける
bulbṑ-sus：鱗茎状の
bulgár-icus：ブルガリアの
bullā-tus：泡状に膨れた、しわのある
bupleurifṑ-lius：ミシマサイコ属 (*Bupleurum*) に似た葉をもつ
buxifṑ-lius：ツゲ属 (*Buxus*) に似た葉をもつ
byzantī-nus：ビザンチン（コンスタンチノープル、現イスタンブール）の

cacaliaefṑ-lius [cacaliifolius]：コウモリソウ属 (*Cacalia*) に似た葉をもつ
cachemír-icus：インドのカシミールの
cád-micus：カドミウムの、錫に似た金属の
caerulés-cens：濃青色になる
caerū-leus：濃青色の
cāe-sius：青みがかった灰色の
caespitṑ-sus：密生した、束生した
cáf-fer, cáf-fra：カフィール（アフリカ）の
cajanifṑ-lius：キマメ属 (*Cajanus*) に似た葉をもつ
caláb-ricus：カラブリア（イタリア）の
calamifṑ-lius：アシに似た葉をもつ
calathī-nus：籠のような
calcarā-tus：距をもつ
calcā-reus：石灰質を好む
calendulā-ceus：キンセンカ属 (*Calendula*) のような
califór-nicus：カリフォルニアの
callicár-pus：美しい果実をもつ
callistā-chyus：美しい穂状花序をもつ
callistegioī-des：ヒルガオ属 (*Calystegia*) のような
callizṑ-nus：美しい帯状模様のある
callṑ-sus：硬い皮をもつ、カルス（異常肥厚部）をもつ
calocéph-alus：美しい頭をもつ
calóc-omus：美しい毛をもつ
calophýl-lus：美しい葉をもつ
cál-vus：無毛の、裸の
calýc-inus：萼のような
calyculā-tus：萼のような
calyptrā-tus：帽子状物をもつ
cám-bricus：カブリア（ウェールズの古名）の
campanulā-ria：鐘形花をもつ
campanulā-tus：鐘形の
campanuloī-des：ホタルブクロ属 (*Campanula*) のような
campés-tris：野原の
camphorā-tus：クスノキに似た
campschát-icus：カムチャッカ半島の
campylocár-pus：湾曲した果実をもつ
caniculā-tus：樋状になった、溝のある
cancellā-tus：格子状の
candelā-brum：枝つき燭台のような
cán-dicans：白い、白絹毛のある
candidís-simus：純白の絹毛のある
cán-didus：純白の、白毛のある、輝きのある
canés-cens：灰白色の毛をもつ
canī-nus：犬の、劣った性質をもつ
cannáb-inus：アサのような
cantáb-ricus：カンタブリア地方（スペイン）の

cà-nus：灰白色の
capén-sis：喜望峰の
capillà-ris：毛状の
capillifór-mis：毛のような
capíl-lipes：細い脚（柄）をもつ
capità-tus：頭状の
capitellà-tus：小さな頭をもつ
capitél-lus：小さい頭状の
capitulà-tus：小さな頭をもつ
cappadóc-icum：カッパドキア地方（小アジア）の
capreolà-tus：曲がりくねる、巻きつく
capricór-nis：南回帰線の
capsulà-ris：蒴果をもつ
cardaminefò-lius [cardaminifolius]：タネツケバナ属（Cardamine）に似た葉をもつ
cardinà-lis：緋紅色の
cardiopét-alus：心臓形の花弁をもつ
carduà-ceus：アザミのような
caribaè-us：カリブ海地方の
caricò-sus：スゲ属（Carex）のような
carinà-tus：背稜（竜骨）をもつ
cariníf-era：背稜（竜骨）をもつ
carminà-tus：洋紅色の
cár-neus：肉色の
cár-nicus：多肉質の
carniól-icus：カルニオラ（中央ヨーロッパ南部）の
carnós-ulus：やや多肉質の
carnò-sus：多肉質の
carolinià-nus, carolì-nus：カロライナ（北アメリカ）の
carpáth-icus, carpát-icus：カルパチア地方の
carpinifò-lius：クマシデ属（Carpinus）に似た葉をもつ

cartilagín-eus：軟骨質の
caryophyllà-ceus：チョウジのような、ナデシコのような
caryopteridifò-lius：カリガネソウ属（Caryopteris）に似た葉をもつ
caryotaefò-lius [caryotifolius]：クジャクヤシ属（Caryota）に似た葉をもつ
caryotíd-eus：クジャクヤシ属のような
cashmerià-nus：インドのカシミールの
cás-picus, cás-pius：カスピ海沿岸の
cassiaráb-icus：アラビア産カワラケツメイ属（Cassia）の
cassinoì-des：モチノキ科の *Ilex cassine* のような
catalpifò-lius：キササゲ属（Catalpa）に似た葉をもつ
cathár-ticus：下剤の
cathayà-nus：中国の
caucás-icus：カフカス地方の
caudà-tus：尾状の
caudés-cens：茎状になる
caulés-cens：茎をもつ
caulialà-tus：翼のある茎をもつ
cauliflò-rus：幹生花をもつ
caús-ticus：腐食性の
celastrì-nus：ツルウメモドキ属（Celastrus）のような
cenís-ius：モンスニ山（フランスとイタリアの国境）の
centifò-lius：多くの葉をもつ
centranthifò-lius：ベニカノコソウ属（Centranthus）に似た葉をもつ
cephalà-tus：頭状花序をもつ
cephalón-icus：ケファリニア島（イオニア諸島）の
cephalò-tes：頭状の

cerám-icus：陶器のような
cerasíf-era：サクランボ、あるいは
　サクランボ状の果実をもつ
cerasifór-mis：サクランボのような
　形の
cerastioĩ-des：ミミナグサ属 (*Cerastium*) のような
ceratocaù-lis：角のある柄をもつ
careà-le：農業の、穀類の
cerefõ-lius：蠟引きの葉をもつ
cè-reus：蠟のような
ceríf-era：蠟を有する
cerinthoĩ-des：ムラサキ科の *Cerinthe* のような
cér-inus：蠟のような
cér-nuus：うなだれる、点頭する
chalcedón-icus：カルケードーン（ボスポラス海峡に面した）の
chamaedrifõ-lius, chamaedryfõ-lius：シソ科の *Chamaedrys* に似た葉をもつ
chathám-icus：チャタム島（ニュージーランド）の
cheilán-thus：唇形の花をもつ
cheiranthifõ-lius：ニオイアラセイトウ属 (*Cheiranthus*) に似た葉をもつ
chelidonioĩ-des：クサノオウ属 (*Chelidonium*) のような
chionán-thus：雪のように白い花をもつ
chirophýl-lus：掌に似た葉をもつ
chloraefõ-lius [chlorifolius]：リンドウ科の *Chlora* に似た葉をもつ
chlorán-thus：緑色の花をもつ
chlorochì-lon：緑色の唇弁をもつ
chrysanthemoĩ-des：キク属 (*Chrysanthemum*)［狭義のシュンギク属］のような

chrysán-thus：黄金色の花をもつ
chrýs-eus：黄金色の
chrysocár-pus：黄金色の果実をもつ
chrysóc-omus：黄金色の毛をもつ
chrysól-epis：黄金色の鱗片をもつ
chrysoleù-cus：黄色がかった白色の
chrysól-obus：黄金色の裂片をもつ
chrysophýl-lus：黄金色の葉をもつ
chrysós-tomus：黄金色の喉部をもつ
chrysót-oxum：黄色くアーチ形になった
cichorià-ceus：キク科の *Cichorium* のような
cicutaefõ-lius [cicutifolius]：ドクゼリ属 (*Cicuta*) に似た葉をもつ
cicutà-rius：ドクゼリ属の
cilià-ris, cilià-tus：縁毛のある
cilíc-icus：キリキア（小アジア）の
ciliíc-alyx：萼に縁毛のある
ciliolà-ris：小縁毛のある
cínc-tus：取り囲まれた
cinerariaefõ-lius [cinerariifolius]：キク科の *Cineraria* に似た葉をもつ
cinerás-cens：灰色になる
cinè-reus：灰色をした
cinnabarì-nus：朱紅色をした
cinnamõ-meus：肉桂色の
cinnamomifõ-lius：クスノキ属 (*Cinnamomum*) に似た葉をもつ
circinà-lis, circinà-tus：コルク状の、渦巻状の
cirrhà-tus, cirrhõ-sus：巻きひげのある
cismontà-nus：山脈のこちら側に［ヨーロッパアルプスの南側、の意］
cisplatì-nus：南アメリカのラプラタ川のこちら側に

cistifõ-lius：ハンニチバナ科の *Cistus* に似た葉をもつ

citrà-tus：ミカン属（*Citrus*）のような

citrifõ-lius：ミカン属に似た葉をもつ

citrĩ-nus：レモン色の、レモンのような

citriodõ-rus：レモンの香りがする

citroĩ-des：ミカン属のような

cladóc-alyx：棍棒状の萼をもつ

clandestĩ-nus：隠された

claũ-sus：閉じられた

clavà-tus：棍棒状の

clavellà-tus：やや棍棒状の

clà-vus：棍棒をもつ

clematíd-eus：センニンソウ属（*Clematis*）のような

clethroĩ-des：リョウブ属（*Clethra*）のような

clivõ-rum：丘の

clypeà-tus：楯状物をもつ、楯のような

clypeolà-tus：やや楯状の

coarctà-tus：密集した

coccíf-era, coccíg-era：液果をもつ

coccín-eus：緋紅色の

cochenillíf-era：コチニール・カイガラムシをもつ

cochleà-ris：スプーンのような

cochlearís-pathus：スプーン状の苞をもつ

cochleà-tus：スプーンのような

coelestĩ-nus：空色の

coelés-tis：天色の、空色の

cognà-tus：近縁の

cól-chicus：コルキス（黒海地方東部）の

collĩ-nus：丘陵地に生える

colorà-tus：彩色された

columbià-nus：コロンビア（北アメリカ西部）の

columellà-ris：小柱、あるいは柱脚がある

columnà-ris：円柱状の

cõ-mans, comã-tus：有毛の

commíx-tus：混合した

commù-nis：普通の

commutà-tus：変化した、変化する

comõ-sus：長毛をもつ

compác-tus：ぎっしり詰まった、密集した

complanà-tus：偏平な

compléx-us：取り巻かれた、抱かれた

complicà-tus：複雑な、込み入った

compós-itus：複合の、復生の

comprés-sus：圧縮された、偏平な

cómp-tus：飾られた

cón-cavus：中空の、窪んだ

concín-nus：整った、よく出来た、上品な

conchaefõ-lius [conchifolius]：貝のような形の葉をもつ

cón-color：同様に彩色された

condensà-tus, condén-sus：密集した、密生した

confertiflõ-rus：花が密生した

confér-tus：密生した

confór-mis：形やほかの点で似通った

confũ-sus：混乱した、不確かな

congés-tus：一杯になった、集積した

conglomerà-tus：団集した

congolà-nus：コンゴの

coníf-era：球果をもつ

conjugà-tus, conjugià-lis：連結した、一対になった

connà-tus：合生した、結合した、一

対の
conoíd-eus：円錐状の
conóp-seus：天蓋で覆われた［蚊やブヨに似た、と解されるのが一般的］
consanguín-eus：類縁の、近縁の
consól-idus：堅固な、固まった、中実の
conspér-sus：まき散らされた
conspíc-uus：顕著な、目立った
constríc-tus：締めつけられた、くびれた
contíg-uus：ごく近縁の
continentá-lis：ヨーロッパ大陸の
contór-tus：回旋した、ねじれた
contrác-tus：収縮した、詰まった
controvér-sus：疑わしい
convallarioí-des [convallaroides]：スズラン属（*Convallaria*）のような
convolvulá-ceus：セイヨウヒルガオ属（*Convolvulus*）のような
conyzoí-des：キク科の *Conyza* のような
coralliflô-rus：珊瑚赤色の花をもつ
corál-linus：珊瑚赤色の
cordá-tus：心臓形の
cordifô-lius：心臓形の葉をもつ
cordifór-mis：心臓形の
coriá-ceus：革質の
coriá-ria：革のような
coridifô-lius, corifô-lius, corio-phýl-lus：サクラソウ科の *Coris* に似た葉をもつ［ただし、corifolius は、革質の葉をもつ、の意か］
cór-neus：角（つの）状の
corniculá-tus：角（つの）のある
corníf-era, corníg-era：角（つの）をもつ

cornú-tus：角（つの）のある
corollá-tus：花冠のような
coromandeliá-nus：コロマンデル海岸（インド）の
coroná-rius：花輪に使う、花輪に適した
coroná-tus：王冠をいただいた
corrugá-tus：しわの寄った
cór-sicus：コルシカの
corticô-sus：厚い樹皮をもつ
cortusoí-des：サクラソウ科の *Cortusa* のような
corús-cans：震える、きらきら光る
corylifô-lius：ハシバミ属（*Corylus*）に似た葉をもつ
corymbíf-era：散房花序をもつ
corymbiflô-rus：散房花序につく花をもつ
corymbô-sus：散房花序の
corynóc-alyx：棍棒状の萼をもつ
cosmophýl-lus：コスモス属（*Cosmos*）に似た葉をもつ
costá-tus：中肋のある
cotinifô-lius：ウルシ科の *Cotinus*（スモーク・ツリーの仲間）に似た葉をもつ
crassicaú-lis：多肉茎の、太い茎をもつ
crassifô-lius：厚い葉をもつ
crás-sipes：太い脚（柄）をもつ
crassiús-culus：やや厚い、やや肥厚した
crás-sus：厚い、多肉質の
crataegifô-lius：サンザシ属（*Crataegus*）に似た葉をもつ
crè-brus [creber が正しいか？]：近接した、連続した、繰り返した
crenatiflô-rus：円鋸歯状の切れ込みのある花をもつ

crenà-tus：円鋸歯状の
crenulà-tus：小円鋸歯状の、やや円鋸歯状の
crepidà-tus：スリッパをはいた
crép-itans：ぱちぱち音をたてる、さらさら音をたてる
cretà-ceus：白亜質を好む
crét-icus：クレタ島（地中海東部）の
crinì-tus：長毛をもつ
crispà-tus, crís-pus：縮れた
Cristagál-li：鶏のとさか［形容語としては crista-galli のようにハイフン（連字符）付きで用いられる］
cristà-tus：鶏冠状の
crithmifò-lius：セリ科の *Crithmum* に似た葉をもつ
crocà-tus：サフラン黄色の
crò-ceus：サフラン色の、黄色の
crocosmaeflò-rus [crocosmiiflorus]：アヤメ科の *Crocosmia* に似た葉をもつ
crotonifò-lius：トウダイグサ科の *Croton* に似た葉をもつ
crucià-tus：十字形の
crucíf-era：十字形の物をもつ
cruén-tus：血色の
Crusgál-li：鶏の蹴爪［形容語としては crus-galli のようにハイフン（連字符）付きで用いられる］
crustà-tus：覆われた
crystál-linus：水晶の、透明な
ctenoì-des：櫛（くし）のような
cucullà-tus：フードをかぶった
cucumerì-nus：キュウリのような
cultò-rum：栽培家の、園芸家の
cultrà-tus：ナイフ形の
cultrifór-mis：幅広の刀身の形に似た

cuneà-tus：くさび形の
cuneifò-lius：くさび形の葉をもつ
cuneifór-mis：くさび形の
cupreà-tus：銅のような、銅色の
cupressifór-mis：イトスギ属（*Cupressus*）に似た
cuprés-sinus：イトスギ属に似た
cupressoì-des：イトスギ属に似た
cù-preus：銅のような、銅色の
curassáv-icus：キュラソー島（西インド諸島南部）の
cúr-tus：短い
curvà-tus：曲がった
curvifò-lius：曲がった葉をもつ
cuscutaefór-mis [cuscutiformis]：ネナシカズラ属（*Cuscuta*）のような
cuspidà-tus：突形の、急に尖った
cuspidifò-lius：突形の葉をもつ
cyanán-thus：青色の花をもつ
cyà-neus：青色の
cyanocár-pus：青色の果実をもつ
cyanophýl-lus：青色の葉をもつ
cyatheoì-des：ヘゴ属（*Cyathea*）のような
cyclamín-eus：シクラメン属（*Cyclamen*）のような
cyclocár-pus：輪状に配列した果実をもつ
cỳ-clops：キュクロープス［ギリシア神話の一つ目の巨人］の、巨大な
cylindrà-ceus, cylín-dricus：円柱状の
cylindrostà-chyus：円柱状の穂状花序をもつ
cymbifór-mis：舟形の
cymò-sus：集散花序をもつ
cynán-chicus：カモメヅル属（*Cynanchum*）のような

183

cynanchoï-des：カモメヅル属のような

cynaroï-des：チョセンアザミ属 (*Cynara*) のような

cȳ-preus：銅のような (cupreus を参照)

cytisoï-des：エニシダ属 (*Cytisus*) のような

dacrydioï-des：マキ科の *Dacrydium* のような

dactylíf-era：指状のものをもつ

dactyloï-des：指状の

dahù-ricus, daù-ricus, davù-ricus：ダフリア（シベリア）の

dalmát-icus：ダルマチアの

damascè-nus：ダマスカスの

daphnoï-des：ジンチョウゲ属 (*Daphne*) のような

dasyacán-thus：太い刺をもつ

dasyán-thus：密毛のある花をもつ

dasycár-pus：密毛のある果実をもつ

dasýc-lados：密毛のある枝をもつ

dasyphýl-lus：密毛のある葉をもつ

dasystè-mon：密毛のある雄しべをもつ

daucoï-des：ニンジン属 (*Daucus*) のような

dealbà-tus：漂白された、白く塗られた

déb-ilis：軟弱な、脆弱な

decán-drus：10個の雄しべをもつ

decapét-alus：10個の花弁をもつ

decaphýl-lus：10枚の葉をもつ

decíd-uus：脱落性の、落葉性の

decíp-iens：欺く、だます

clinà-tus：傾下する

decolò-rans：褪色する、脱色する、変色する、汚れる

decompós-itus：数回複生の、1回以上分裂した

déc-orans：飾る、装飾的な

decorà-tus：装飾的な

decò-rus：上品な、美しい、ふさわしい

decúm-bens：伏した

decúr-rens：沿下した

defléx-us：急に下曲した

defór-mis：奇形の、変形した

dehís-cens：裂開性の

dejéc-tus：落ちた

deléc-tus：選ばれた

delicatís-simus：非常に繊細な、非常に優美な

delicà-tus：繊細な、優美な、脆弱な

deliciò-sus：快い、美味な

delphinifò-lius [delphiniifolius]：キンポウゲ科の *Delphinium* に似た葉をもつ

deltoï-des, deltoíd-eus：三角形の

demér-sus：沈水性の、水中生の

demís-sus：下垂した、軟弱な

dendroíd-eus：高木状の

densiflò-rus：密に花をつける

densifò-lius：密に葉をつける

densà-tus：密な

dén-sus：密な

dentà-tus：（鋭）鋸歯をもつ

denticulà-tus：やや（鋭）鋸歯をもつ

dentíf-era：（鋭）鋸歯をもつ

dentò-sus：（鋭）鋸歯をもつ

denudà-tus：裸の、露出した

depauperà-tus：貧弱な、萎縮した

depén-dens：下垂する

deprés-sus：偏平な、押しつぶされた

desér-ti：砂漠の

desmoncoì-des：ヤシ科の *Desmoncus* のような

detón-sus：刈り取った、刈り込まれた、裸にされた

deús-tus：燃えた

diaból-icus：悪魔のような、悪魔を想起させる

diacán-thus：2刺をもつ

diadè-ma：王冠のような

dián-drus：2個の雄しべをもつ

dianthiflò-rus：ナデシコ属（*Dianthus*）に似た花をもつ

diáph-anus：透明な

dichót-omus：叉状分岐した

dichroán-thus：（ユキノシタ科 *Dichroa* のような）2色花をもつ

dích-rous：2色の

dicóc-cus：2個の液果をもつ

dictyophýl-lus：網状脈が顕著な葉をもつ

díd-ymus：対になった（たとえば、雄しべに関して）

diffór-mis：異形の

diffû-sus：開出する、広がる

digità-tus：指状の、掌のような

dilatà-tus：拡張した、拡大した

dilà-tus：拡張した、拡大した

dimidià-tus：[不等に] 2分された

dimór-phus：2形の

dì-odon：2歯をもつ

dioì-cus：雌雄異株の

diosmaefò-lius [diosmifolius]：ミカン科の *Diosma* に似た葉をもつ

dipét-alus：2個の花弁をもつ

diphýl-lus：2枚の葉をもつ

diplostephioì-des：キク科の *Diplostephium* のような

dipsà-ceus：チーゼル（*Dipsacus*）のような

dipterocár-pus：2翼のついた果実をもつ

díp-terus：2翼をもつ

dipyrè-nus：2個の種子をもつ

discoíd-eus：円盤状の、舌状花冠を欠く

dís-color：2色の、異なる色の

dís-par：異形の、似ていない

disséc-tus：深裂した

dissím-ilis：似ていない

dissitiflò-rus：まばらな花序をもつ

distà-chyus：2つの穂状花序をもつ

dís-tans：隔たった、分離した

distichophýl-lus：2列生した葉をもつ

dís-tichus：2列生した

dís-tylus：2個の花柱をもつ

diúr-nus：日中開花する

divaricà-tus：開出する、広く分岐する

divér-gens：広く開出する

diversíc-olor：さまざまな色をもつ

diversiflò-rus：異形の花をあわせもつ

diversifò-lius：変化に富んだ葉をもつ

divì-sus：全裂した

dixán-thus：色の濃淡がある

dodecán-drus：12個の雄しべをもつ

dodonaeifò-lius：ハウチワノキ属（*Dodonaea*）に似た葉をもつ

dolabrà-tus：斧形の

dolabrifór-mis：斧形の

dolò-sus：偽の

domés-ticus：国内の、家庭の、順化された

doronicoì-des：キク科の *Doronicum* のような

drabifò-lius：イヌナズナ属（*Draba*）

に似た葉をもつ
dracaenoî-des：リュウケツジュ属（*Dracaena*）のような
dracocéph-alus：竜の頭をもつ
dracunculoî-des：エストラゴン（*Artemisia dracunculus*）のような
drepanophýl-lus：鎌形の葉をもつ
drupâ-ceus：石果（核果）のような
drupíf-era：石果（核果）をもつ
drynarioî-des：ウラボシ科の *Drynaria* のような
dû-bius：疑わしい
dúl-cis：甘い
dumetô-rum：藪の、生け垣の
dumô-sus：藪状の、低木状の
dû-plex：二重の
duplicâ-tus：重複した、二重の
duráb-ilis：長持ちする、持続する
durác-inus：硬い果実をもつ、硬い液果をもつ
dû-rior：より硬い
duriús-culus：やや硬い

ebenâ-ceus：黒檀のような
ebracteâ-tus：苞葉のない
ebúr-neus：象牙白色の
echinâ-tus：刺をもつ、剛毛をもつ
echinocár-pus：刺のある果実をもつ
echinosép-alus：刺のある萼をもつ
echioî-des：ムラサキ科の *Echium* のような
ecornû-tus：角（つの）のない
edû-lis：食用になる
effû-sus：締まりなく広がった［たとえば、生育状態に関して］
elaeagnifô-lius：グミ属（*Elaeagnus*）に似た葉をもつ
elás-ticus：弾力のある

elâ-tior, elâ-tius：より高い
elâ-tus：高い
él-egans：上品な
elegantís-simus：非常に上品な
elegán-tulus：上品な
elephán-tidens：大きな鋸歯をもつ
elephán-tipes：象の足のような
elephán-tum：象の
ellipsoidâ-lis：楕円形の
ellíp-ticus：楕円形の
elongâ-tus：伸長した
emarginâ-tus：凹頭の
emét-icus：嘔吐性をもつ
ém-inens：顕著な、目立つ
empetrifô-lius：ガンコウラン属（*Empetrum*）に似た葉をもつ
enneacán-thus：9個の刺をもつ
enneaphýl-lus：9枚の葉をもつ
ensâ-tus：剣形の
ensifô-lius：剣形の葉をもつ
ensifór-mis：剣形の
entomóph-ilus：昆虫が好む
equés-tris：馬に関連する
equisetifô-lius：トクサ属（*Equisetum*）に似た葉をもつ
equî-nus：馬の
eréc-tus：直立した
eriacán-thus：軟毛の生えた刺をもつ
erianthè-ra：軟毛の生えた雄しべをもつ
erián-thus：軟毛の生えた花をもつ
ericaefô-lius, ericifô-lius：エリカ（*Erica*）に似た葉をもつ
ericoî-des：エリカのような、ヒースのような
erinâ-ceus：ハリネズミのような
eriobotryoî-des：ビワ属（*Eriobotrya*）のような
eriocár-pus：軟毛の生えた果実をも

eriocéph-alus：軟毛の生えた頭をもつ
erióph-orus：軟毛をもつ
eriós-pathus：軟毛の生えた仏炎苞をもつ
eriostà-chyus：軟毛の生えた穂状花序をもつ
eriostè-mon：雄しべに軟毛のある
erò-sus：不規則な切れ込みをもつ
errát-icus：一定しない、普通でない、広く散らばって
erubés-cens：赤くなる
erucoì-des：アブラナ科の *Eruca* のような
erythrocár-pus：赤い果実をもつ
erythrocéph-alus：赤い頭部をもつ
erythróp-odus：赤い脚（柄）をもつ
erythróp-terus：赤い翼をもつ
erythrosò-rus：赤い胞子嚢群をもつ
esculén-tus：食用になる
estrià-tus：縞模様のない
etrús-cus：トスカーナ地方（イタリア）の
etuberò-sus：塊茎のない
eucalyptoì-des：ユーカリ属（*Eucalyptus*）のような
eugenioì-des：フトモモ科の *Eugenia* のような
eupatorioì-des：ヒヨドリバナ属（*Eupatorium*）のような
euphorbioì-des：トウダイグサ属（*Euphorbia*）のような
europaè-us：ヨーロッパの
evéc-tus：伸長した
evér-tus：発射された、中身があらわになった、裏返った
exaltà-tus：非常に高い
exarà-tus：溝をもつ

excavà-tus：くり抜かれた、うつろになった
excél-lens：すぐれた、ひいでた
excél-sus：高い
excél-sior：より高い
excì-sus：切り取られた
excorticà-tus：樹皮のない
exíg-uus：小さな、貧弱な
exím-ius：際だった、別格の
exitiò-sus：有害な、健康に悪い
exolè-tus：成熟した、滅びゆく
exót-icus：異国の
expán-sus：広がった
explò-dens：破裂する
exscà-pus：花茎をもたない
excúlp-tus：彫り出された
exsér-tus：突出した
exsúr-gens：立ち上がる
extén-sus：拡張した
exù-dans：しみ出る

fabà-ceus：ソラマメのような
falcà-tus：鎌形の
falcifò-lius：鎌形の葉をもつ
falcifór-mis：鎌形の
fál-lax：欺くような
farinà-ceus：粉質の
faríníf-era：粉をもつ
farinò-sus：粉をふいた、粉状物に覆われた
fascià-tus：帯化した
fasciculà-ris, fasciculà-tus：束生の
fascinà-tor：魅惑的な
fastigià-tus：叢生して直立する枝をもつ
fastuò-sus：堂々とした
fát-uus：つまらない、取るに足らない

febríf-ugus：解熱する
fém-ina：女性の
fenestrá-lis：窓状の開口部をもつ
fé-rox：強い刺をもつ
fér-reus：鉄の
ferrugín-eus：錆色の
fér-tilis：多産の、多く実を結ぶ
ferulaefô-lius：オオウイキョウ属(*Ferula*)に似た葉をもつ
festĩ-vus：陽気な、華やかな、鮮やかな
febrillô-sus：繊維質の
fibrô-sus：はっきりとした繊維をもつ
ficifô-lius：イチジクに似た葉をもつ
ficoì-des, ficoìd-eus：イチジクのような、イチジク属(*Ficus*)のような
filamentô-sus：糸状の
filicà-tus：シダのような
filicaù-lis：糸状の茎をもつ
filicifô-lius：シダに似た葉をもつ
filicĩ-nus：シダのような
filicoì-des：シダのような
filíf-era：糸をもつ
filifô-lius：糸状の葉をもつ
filifór-mis：糸状の
filipendulĩ-nus：シモツケソウ属(*Filipendula*)のような
fíl-ipes：糸状の柄をもつ
fimbriát-ulus：小縁毛をもつ
fimbrià-tus：長縁毛をもつ
firmà-tus：堅固な、固定した
fír-mus：堅固な、強い
fissifô-lius：分裂葉をもつ
fís-silis：割れた、裂けた
fissurà-tus：割れた、裂けた
fís-sus：割れた、裂けた
fistulô-sus：管状の

flabellà-tus：扇状の部分をもつ
flabél-lifer, flabellifór-mis：扇形の
flác-cidus：軟弱な、柔らかい
flagellà-ris, flagellà-tus：鞭状の
flagellifór-mis：鞭の形をした
flagél-lum：鞭、あるいは殻竿
flám-meus：火焰色の
flavés-cens：黄色がかった
flavíc-omus：黄色い軟毛をもつ、黄色い毛をもつ
fláv-idus：黄色の、黄色がかった
flavispĩ-nus：黄色の刺をもつ
flavís-simus：濃黄色の
flà-vus：黄色の
flexicaù-lis：しなやかな茎をもつ
fléx-ilis：曲げやすい、柔軟な、しなやかな
flexuô-sus：屈曲性の、曲がりくねった、ジグザグの
floccô-sus：軟毛が密生した
flô-re-ál-bo：白い花をもつ
florentĩ-nus：フィレンツェの
flô-re-plè-no：八重咲きの花をもつ
floribún-dus：たくさんの花をつける
floridà-nus：フロリダの
flór-idus：花で飾る、花で一杯の
flù-itans：浮遊する
fluviát-ilis：川の
fõem-ina：女性の、雌の
foeniculà-tus：ウイキョウ属(*Foeniculum*)のような
foetidís-simus：たいへん悪臭のある
fóet-idus：悪臭のある
folià-ceus：葉状の
folià-tus：葉をもつ
foliolà-tus：小葉をもつ
foliolô-sus：小葉をもつ
foliô-sus：葉の多い
folliculà-ris：袋果をもつ

fontinà-lis：湧水地に生える
forficà-tus：はさみ形の
fornicaefór-mis：蟻の形をした
formosà-nus：台湾の
formosís-simus：非常に美しい
formò-sus：美しい、整った
fourcroỹ-des：リュウゼツラン科の *Furcraea* のような
foveà-tus：小孔のある
foveolà-tus：[やや]小孔のある
fragarioĩ-des：オランダイチゴ属（*Fragaria*）のような
frág-ilis：もろい、砕けやすい
frà-grans：芳香のある
fragrantís-simus：非常に芳香のある
fraxín-eus：トネリコ属（*Fraxinus*）のような
fraxinifò-lius：トネリコ属に似た葉をもつ
fríg-idus：寒地の
frondò-sus：葉の多い
fructíf-era：果実をもつ、多果の
fructíg-enus：多果の
frumentà-ceus：穀物の
frutés-cens：低木状の
frù-tex：低木
frù-ticans：低木状の
fruticò-sus：低木状の
fucà-tus：着色した、染まった
fuchsioĩ-des：フクシア属（*Fuchsia*）のような
fù-gex：早落性の
fúl-gens：輝く、光沢のある
fúlg-idus：きらきら光る、輝く
fuliginò-sus：煤色の、黒色の
fulvés-cens：黄褐色の、朽ち葉色の
fúl-vidus：やや黄褐色の
fúl-vus：黄褐色の、橙黄褐色の
fumariaefò-lius [fumariifolius]：ケシ科の *Fumaria* に似た葉をもつ
fù-nebris：墓の、墓地の
fungò-sus：キノコのような、海綿質の
funiculà-tus：細いひもをもつ
fúr-cans, furcà-tus：叉状の、フォーク状の
furfurà-ceus：ふけだらけの、粉をかぶった
fuscifo-lius：暗茶色の葉をもつ
fús-cus：暗茶色の
fusifór-mis：紡錘形の

galacifò-lius：イワウメ科の *Galax* に似た葉をもつ
galán-thus：乳白色の花をもつ
galeà-tus：ヘルメット形の
galegifò-lius：マメ科の *Galega* に似た葉をもつ
galericulà-tus：ヘルメット形の
galioĩ-des：ヤエムグラ属（*Galium*）のような
gál-licus：フランスの、雄鶏の
gangét-icus：ガンジス川の
gargán-icus：ガルガノ山（イタリア）の
gél-idus：氷のように冷たい、寒地生の
geminà-tus：一対の
geminiflò-rus：花が2個ずつつく
geminispì-nus：双生する刺をもつ
gemmà-tus：芽をもつ、むかごをもつ
gemmíf-era：芽をもつ
generà-lis：一般の
geniculà-tus：関節をもつ、膝折れした
genistifò-lius：ヒトツバエニシダ属

(*Genista*) に似た葉をもつ
geoǐ-des：地上の
geomét-ricus：幾何学的模様の
geonomaefór-mis [geonomiformis]：ヤシ科の *Geonoma* のような形をもつ
georgià-nus：ジョージアの
geranioǐ-des：フウロソウ属（*Geranium*）のような
germán-icus：ドイツの
gibberǒ-sus：こぶのある、背中にこぶのある
gibbiflǒ-rus：こぶのある花をもつ
gibbǒ-sus, gíb-bus：片側が膨れた
gibraltár-icus：ジブラルタルの
gigantè-us：巨大な、非常に大きな
gigán-thes：巨大な花をもつ
gǐ-gas：巨人の、巨大な
glabél-lus：やや平滑な
glà-ber：無毛の、平滑な
glabér-rimus：非常に平滑な
glabrà-tus：やや無毛の
glabrés-cens：やや平滑な
glacià-lis：氷のような、極寒の
gladià-tus：剣状の
glandifór-mis：腺の形をした
glandulíf-era：腺をもつ
glandulǒ-sus：腺のある
glaucés-cens：灰青色になる
glaucifǒ-lius：灰青色の葉をもつ
glaucoǐ-des：灰青色状の
glaucophýl-lus：灰青色の葉をもつ
glaǔ-cus：灰青色の、蠟粉をかぶった
globǒ-sus：球形の
globulà-ris：小球形の
globulíf-era：小球形の、あるいは球形のものをもつ
globulǒ-sus：小球状の
glomerà-tus：球状に集まった
glomeruliflǒ-rus：球状に集まった花をもつ
gloriǒ-sus：華麗な、みごとな
gloxinioǐ-des：イワタバコ科の *Gloxinia* のような
glumà-ceus：穎、あるいは穎状の構造をもつ
glutinǒ-sus：粘液のある、ねばつく
glycinioǐ-des：ダイズ属（*Glycine*）のような
gnaphalǒ-des：ハハコグサ属（*Gnaphalium*）のような
gomphocéph-alus：棍棒状の頭部をもつ
gomphocóc-cus：棍棒状の液果
gongylǒ-des：丸みをもった、膨れた
goniá-tus：稜のある、角（かど）のある
gonióc-alyx：稜形の萼をもつ
gossýp-inus：ワタ属（*Gossypium*）のような
gracilén-tus：細長い
graciliflǒ-rus：優美な花をもつ
gracíl-ior：より優美な
gracíl-ipes：細い脚（柄）をもつ
gráci-ilis：優美な、ほっそりとした
gracilís-tylus：細長い花柱をもつ
gracíl-limus：非常に細長い
graě-cus：ギリシアの
gramín-eus：イネ科の草のような
graminifǒ-lius：イネ科草本に似た葉をもつ
grammopét-alus：縞模様のある花弁をもつ
grán-diceps：大きい頭をもつ
grandicús-pis：大きく尖った先端をもつ
grandidentà-tus：大きな鋸歯をもつ
grandiflǒ-rus：大きな花をもつ

grandifō-lius：大きな葉をもつ
grandifór-mis：大形の
grandipunctā-tus：大きな斑点をもつ
grán-dis：大きい
granít-icus：花崗岩を好む
granulā-tus：粒状の、細かい粒で覆われた
granulṓ-sus：粒状の
gratís-simus：非常に心地よい
grā-tus：心地よい
gravè-olens：強い香りをもつ
grís-eus：灰色の
groenlán-dicus：グリーンランドの
grósse-serrā-tus：大きな鋸歯をもつ
grù-inus：鶴の
gummíf-era：ゴム樹脂をもつ
gunneraefō-lius [gunnerifolius]：グンネラ科の *Gunnera* に似た葉をもつ
guttā-tus：斑点模様をもつ
gymnocár-pus：裸実をもつ
gymnocaù-lon：細長い茎をもつ
gymnocéph-alus：細長い頭をもつ
gỳ-rans：旋回する

hadriát-icus：アドリア海沿岸の
haemán-thus：血色の花をもつ
haemastṑ-mus：赤い喉部をもつ
haematóc-alyx：血色の萼をもつ
haematṑ-des：血色の
hakeoì-des：ヤマモガシ科の *Hakea* のような
halimifṑ-lius：ハンニチバナ科の *Halimium* に似た葉をもつ
halóph-ilus：塩を好む
hamā-tus, hamṑ-sus：鉤状の
harpophýl-lus：鎌形の葉をもつ
hastā-tus：ほこ形の、槍形の

hastíf-era：槍をもつ
hastilā-bium：槍斧形の唇弁をもつ
hastì-lis：槍
hastulā-tus：やや槍形の
hebecár-pus：軟毛の生えた果実をもつ
hebephýl-lus：軟毛の生えた葉をもつ
hederā-ceus：キヅタ属（*Hedera*）の
helianthoì-des：ヒマワリ属（*Helianthus*）のような
helvét-icus：スイスの
hél-volus：淡黄色の
hemiphlòe-us：はがれかかった樹皮をもつ
hemisphaér-icus：半球形の
hepaticaefṑ-lius [hepaticifolius]：スハマソウ属に似た葉をもつ
heptaphýl-lus：7 枚の葉をもつ
heracleifṑ-lius：ハナウド属（*Heracleum*）に似た葉をもつ
herbā-ceus：草本の、草質の
hespér-ius：西洋の
heteracán-thus：いろいろな刺をもつ
heterán-thus：いろいろな花をもつ
heterocár-pus：いろいろな果実をもつ
hetér-odon：いろいろな鋸歯をもつ
heterodóx-us：異形の
heteroglós-sus：いろいろな舌状部をもつ
heteról-epis：いろいろな鱗片をもつ
heteromór-phus：いろいろな形をもつ
heteropét-alus：いろいろな花弁をもつ
heterophýl-lus：いろいろな葉をもつ
heteróp-odus：いろいろな脚（柄）をもつ
hexagonóp-terus：六角の翼をもつ

hexagṓ-nus：六角の
hexán-drus：6個の雄しべをもつ
hexapét-alus：6個の花弁をもつ
hexaphýl-lus：6枚の葉をもつ
hì-ans：口を開ける
hibernã-lis：冬の
hibér-nicus：アイルランドの
hibiscifṓ-lius：フヨウ属（*Hibiscus*）に似た葉をもつ
hierochún-ticus：イェリコの
hieroglýph-icus：象形文字のような模様をもつ
himalã-icus：ヒマラヤの
hircì-nus：山羊臭をもつ
hirsutís-simus：非常に毛が多い
hirsù-tulus：やや毛が多い
hirsù-tus：毛が多い
hirtél-lus：やや毛が多い
hirtiflṓ-rus：毛の多い花をもつ
hír-tipes：毛の多い柄、あるいは茎をもつ
hír-tus：毛の多い
hispán-icus：スペインの
hispidís-simus：非常に剛毛の多い
hispíd-ulus：やや剛毛のある
hís-pidus：剛毛のある
hollán-dicus：オランダの
holocár-pus：完全な［切れ込みや割れ目のない］果実をもつ
holochrý-sus：まったく黄金色の
holoseríc-eus：絹毛で完全に覆われた
homól-epis：相同の鱗片をもつ
horizontã-lis：水平の
hór-ridus：刺をもつ、強い刺をもつ
horténsis, hortṓ-rum, hortulã-nus, hortulã-lis, hortulṓ-rum：園芸の、庭の
humifù-sus：地面にはびこる

hù-milis：低く生長する、矮性の
humulifṓ-lius：カラハナソウ属（*Humulus*）に似た葉をもつ
hyacínth-inus：サファイア色（濃紫青色）の
hyacinthoì-des：ヒアシンス属（*Hyacinthus*）のような
hyál-inus：透明な、ほぼ透明な
hýb-ridus：雑種の、混血の
hydrangeoì-des：アジサイ属（*Hydrangea*）のような
hyemã-lis：冬の
hygromét-ricus：水を吸収する
hymenán-thus：膜質の花をもつ
hymenṓ-des：膜状の
hemenorrhì-zus：膜質の根をもつ
hymenosép-alus：膜質の萼をもつ
hyperbṓ-reus：はるか北方の
hypericifṓ-lius：オトギリソウ属（*Hypericum*）に似た葉をもつ
hypericoì-des：オトギリソウ属のような
hypnoì-des：苔のような
hypocraterifór-mis：高盆形の、高杯形の
hypogaè-us：地下の
hypoglaù-cus：下面が灰青色の
hypoglót-tis：下方に舌がある
hypoleù-cus：下面が白っぽい
hypophýl-lus：葉の下面の
hyrcã-nium：古代ヒルカニア（カスピ海地方）の
hyssopifṓ-lius：ヒソプ［ハナハッカ属の1種］に似た葉をもつ
hýs-trix：ヤマアラシのような、剛毛をもつ

ián-thinus：菫色の、菫青色の

ibér-icus, iberíd-eus：イベリア半島（スペイン、ポルトガル）の

iberidifô-lius：アブラナ科の *Iaberis* に似た葉をもつ

icosán-drus：20個の雄しべをもつ

idâe-us：イダ山（小アジア）の

ignés-cens：炎のような

íg-neus：炎のような

ilicifô-lius：モチノキ属（*Ilex*）に似た葉をもつ、セイヨウヒイラギに似た葉をもつ

illecebrô-sus：日陰の［著者の誤りか？ illecebrosus は「魅惑的な」という意味である］

illinì-tus：照りのある

illustrà-tus：描かれた

illús-tris：輝いた、立派な、光沢のある

illýr-icus：イリュリア（南ヨーロッパの古代地域名）の

imberbiflô-rus：ひげのない花をもつ

imbér-bis：ひげ、あるいは刺のない

ím-bricans：瓦状に重なる

imbricà-tus：瓦重ねになった

immaculà-tus：斑点のない、しみのない

immér-sus：沈水性の、水中生の

impà-tiens：我慢できない、せっかちな

imperà-tor：威圧する、脾睨する、独裁的な

imperià-lis：帝王の、堂々たる

impléx-us：絡まった、もつれた

imprés-sus：刻印された、へこんだ

inaequalifô-lius：不揃いの葉をもつ

inaequà-lis：不揃いの、不等の

inaequilát-erus：不等辺の

incà-nus：灰白色の

incarnà-tus：肉色の

incér-tus：不確かな、疑わしい

incisifô-lius：裂けた葉をもつ

incì-sus：鋭く裂けた

inclaù-dens：閉じこめることのない

inclinà-tus：下曲した

incomparáb-ilis：無比の、卓越した

incómp-tus：粗野な、飾り気のない

inconspíc-uus：目立たない

incrassà-tus：肥厚した

incurvà-tus, incúr-vus：内曲した

indentà-tus：へこんだ、ぎざぎざのある

ín-dicus：インドの

indivì-sus：分裂していない

inér-mis：刺のない

infaù-stus：不幸な、不成功の

infectô-rius：染料の

infés-tus：有害な、危険な

inflà-tus：膨れた

infortunà-tus：不幸な［たとえば、有毒植物に関して］

infrác-tus：破れた［内曲する、という意味もある］

infundibulifór-mis：漏斗形の、トランペット形の

infundíb-ulum：漏斗

ín-gens：巨大な、膨大な

inodô-rus：香りのない

inornà-tus：飾りのない

ín-quinans：しみのある、変色する

inscríp-tus：文字のような模様をもつ

insíg-nis：堅調な、際立った、目立った

insitít-ius：接ぎ木された

insulà-ris：島の、島に生える

intác-tus：無傷の、手つかずの

ín-teger：全縁の、完全な

integér-rimus：まったく全縁の、まったく完全な

integrifô-lius：全縁の葉をもつ
interjéc-tus：中間に位置した
intermè-dius：中間の、中くらいの
interrúp-tus：中継された、不連続の
intertéx-tus：絡み合った、もつれた
intór-tus：よじれた
intricà-tus：複雑な、もつれた、混乱した
intrór-sus：内に向かって回旋した
intumés-cens：膨れた、膨れ上がった
intybà-ceus：チコリの
invér-sus：反対の、逆さまの
invì-sus：目に見えない、見落とした
involucrà-tus：総苞をもつ
involù-tus：内巻きの
ionán-drus：菫色の雄しべをもつ
ionán-thus：菫色の花をもつ
ionóp-terus：菫色の翼をもつ
iridés-cens：虹色の
iridiflô-rus：アヤメ属（*Iris*）に似た花をもつ
irregulà-ris：不規則な
irríg-uus：水のある、湿った
isán-drus：同形の雄しべをもつ
isopét-alus：同形の花弁をもつ
isophýl-lus：同形の葉をもつ
ís-tria：イストリア半島［アドリア海に面するイーストラ半島の別称］の
itál-icus：イタリアの
ixioì-des：イクシア属（*Ixia*）のような
ixocár-pus：粘着性のある果実をもつ

japón-icus：日本の
jasmín-eus：ソケイ属（*Jasminum*）のような
jasminiflò-rus：ソケイ属に似た花をもつ
jasminoì-des：ソケイ属のような
javán-icus：ジャワ島の
jubà-tus：鶏冠のある、たてがみのある
jucún-dus：快い、好ましい
jugô-sus：連結した、くびきにつながれた
jún-ceus：イグサ属（*Juncus*）のような
juncifô-lius：イグサ属に似た葉をもつ
juniperifô-lius：ビャクシン属（*Juniperus*）に似た葉をもつ
juniperì-nus：ビャクシン属のような、青褐色［青黒色］の（ビャクシン属の実の色から）

kamtschát-icus：カムチャッカ半島の
kashmirià-nus：カシミールの
koreà-nus, korià-nus, koraién-sis：朝鮮の

labià-tus：唇形の
láb-ilis：不安定な
labiô-sus：唇弁のある
labrô-sus：大きな唇弁をもつ
laburnifô-lius：キングサリ属（*Laburnum*）に似た葉をもつ
lác-erus：不規則に分裂した
lacinià-tus：条裂した、細分裂した
laciniô-sus：多く条裂した
lactà-tus：ミルク状の
lác-teus：乳白色の
lactíc-olor：ミルク色の

lactíf-era：乳液をもつ
lactiflò-rus：ミルク色の花をもつ
lacunò-sus：孔、あるいは窪みをもつ
lacús-tris：湖の
ladaníf-era, ladán-ifer：ladanum（芳香性樹脂）をもつ
laetiflò-rus：明るい、あるいは好ましい花をもつ
laetév-irens [laetivirens]：明緑色の、鮮緑色の
laè-tus：明るい、鮮やかな、いきいきした
laevicaù-lis：平滑な茎をもつ、無毛の茎をもつ
laevigà-tus：平滑な、無毛
laév-ipes：平滑な（無毛の）脚（柄）をもつ
laè-vis：平滑な、無毛の
laeviús-culus：やや平滑な、やや無毛の
lagenà-rius：瓶形の
lanà-tus：軟毛のある
lancerifò-lius：披針形の葉をもつ
lanceolà-tus：披針形の
lán-ceus：披針形状の
lancifò-lius：披針形の葉をもつ
laníg-era：軟毛をもつ
lán-ipes：軟毛のある脚（柄）をもつ
lanò-sus：軟毛で覆われた
lanuginò-sus：軟毛のある
lappà-ceus：いがのような
lappón-icus：ラップランドの
laricifò-lius：カラマツ属（Larix）に似た葉をもつ
larìc-inus：カラマツ属のような
lasiacán-thus：軟毛の生えた刺をもつ
lasián-drus：軟毛の生えた雄しべをもつ
lasián-thus：軟毛の生えた花をもつ
lasiocár-pus：粗毛、あるいは軟毛の生えた果実をもつ
lasiodón-tus：軟毛の生えた鋸歯をもつ
lasioglós-sus：粗毛の生えた舌をもつ
lasiól-epis：軟毛の生えた鱗片をもつ
lasiopét-alus：粗毛の生えた花弁をもつ
lateriflò-rus：側生する花をもつ
latér-ipes：側生する柄をもつ
laterít-ius：レンガ赤色の
latiflò-rus：幅広の花をもつ
latifò-lius：幅広の葉をもつ
lát-ifrons：幅広の葉身をもつ
latilà-brus：幅広の唇弁をもつ
latíl-obus：幅広の裂片をもつ
latimaculà-tus：幅広の斑点をもつ
lát-ipes：幅広の脚（柄）をもつ
latispì-nus：幅広の刺をもつ
latisquà-mus：幅広の鱗片をもつ
latís-simus：非常に幅広い、最も幅広い
là-tus：幅広い、広い
laudà-tus：賞賛された、賞賛に値する
laurifò-lius：ゲッケイジュに似た葉をもつ
laurì-nus：ゲッケイジュのような
lavandulà-ceus：ラベンダー属（Lavandula）のような
lavateroì-des：ハナアオイ属（Lavatera）のような
laxiflò-rus：まばらについた花をもつ
laxifò-lius：まばらについた葉をもつ
láx-us：まばらな、（空間が）開いた
ledifò-lius：イソツツジ属（Ledum）に似た葉をもつ
leián-thus：平滑な花をもつ、無毛の

花をもつ
leiocár-pus：平滑な果実をもつ、無毛の果実をもつ
leióg-ynus：平滑な雌しべをもつ、無毛の雌しべをもつ
leiophýl-lus：平滑な葉をもつ、無毛の葉をもつ
lenticulà-ris, lentifór-mis：レンズ状の、レンズ形の
lentiginò-sus：小斑をもつ
lentiscifò-lius：ウルシ科の *Lentiscus*（*Pistacia* の異名）に似た葉をもつ
lén-tus：しなやかな、頑強な、強靱な
leontoglós-sus：ライオンのような舌や喉をもつ
leopardì-nus：ヒョウのような斑紋をもつ
lepidophýl-lus：鱗片状の葉をもつ
lepidò-tus：小さなふけのような鱗片をもつ
lép-idus：優美な、上品な
leprò-sus：ふけのような
leptán-thus：細長い花をもつ
leptocaù-lis：細長い茎をもつ
leptóc-ladus：細長い茎、あるいは枝をもつ
leptól-epis：薄い鱗片をもつ
leptopét-alus：薄い花弁をもつ
leptophýl-lus：薄い葉をもつ
leptosép-alus：薄い萼をもつ
lép-topus：細長い柄をもつ
leptostà-chyus：細長い穂状花序をもつ
lepturoì-des：イネ科の *Lepturus* のような
leucanthemifò-lius：キク科の *Leucanthemum*［フランスギクの類］に似た葉をもつ
leucán-thus：白い花をもつ
leucób-otrys：白い総状花序をもつ
leucocaù-lis：白い茎をもつ
leucocéph-alus：白い頭をもつ
leucochì-lus：白い唇弁をもつ
leucodér-mis：白い皮をもつ
leuconeù-rus：白い脈をもつ
leucophaè-us：灰白色の
leucophýl-lus：白い葉をもつ
leucorhì-zus：白い根をもつ
leucós-tachys：白い穂状花序をもつ
leucót-riche：白い毛をもつ
leucoxán-thus：白黄色の
leucóx-ylon：白い材をもつ
libanót-icus：レバノンの
libúr-nicus：リブルニア［アドリア海沿岸、クロアチア］の
lignò-sus：木質の
ligulà-ris, ligulà-tus：舌状の
ligús-ticus：リグーリア［イタリア］の
ligusticifò-lius：セリ科の *Ligusticum* に似た葉をもつ
ligustrifò-lius：イボタノキ属（*Ligustrum*）に似た葉をもつ
ligustrì-nus：イボタノキ属のような
lilác-inus：藤色の、ライラック色の
lilià-ceus：ユリ属（*Lilium*）のような
liliiflò-rus：ユリ属に似た花をもつ
lilifò-lius：ユリ属に似た葉をもつ
limbà-tus：縁取られた
limonifò-lius：レモンに似た葉をもつ［これは「limoniifolius：イソマツ属（*Limonium*）に似た葉をもつ」の誤りか］
limò-sus：泥地の、湿地帯の
linariifò-lius：ウンラン属（*Linaria*）

に似た葉をもつ
linarioì-des：ウンラン属のような
linearifô-lius：線形の葉をもつ
linearíl-obus：線形の裂片をもつ
lineà-ris：線形の
lineà-tus：線状模様をもつ
linguefór-mis [linguiformis]：舌状の
lingulà-tus：舌状の
liniflô-rus：アマ属（*Linum*）に似た葉をもつ
linifô-lius：アマ属に似た葉をもつ
linnaeoì-des：リンネソウ属（*Linnaea*）のような
linoì-des：アマ属のような
linophýl-lus：アマ属に似た葉をもつ
lithóph-ilus：岩上に生える
lithospér-mus：石のような種子をもつ
littorà-lis：海岸の
lituiflô-rus：トランペット形の花をもつ
lív-idus：鉛色の、青灰色の
lobà-tus：分裂した
lobelioì-des：ミゾカクシ属（*Lobelia*）のような
lobocár-pus：裂片のある果実をもつ
lobophýl-lus：分裂した葉をもつ
lobulà-ris：分裂した
lobulà-tus：小裂片をもつ
lolià-ceus：ドクムギ属（*Lolium*）のような
longebracteà-tus：長い苞葉をもつ
longepedunculà-tus：長い花柄をもつ
longicaudà-tus：長い尾をもつ
longicaù-lis：長い茎をもつ
longíc-omus：長い毛をもつ
longicús-pis：長い突形の

longiflô-rus：長い花をもつ
longifô-lius：長い葉をもつ
longihamà-tus：長い鉤をもつ
longíl-abris：長い唇弁をもつ
longilaminà-tus：長い板状物をもつ
longíl-obus：長い裂片をもつ
longimucronà-tus：長い微突形の
lóng-ipes：長い脚（柄）をもつ
longipét-alus：長い花弁をもつ
longipinnà-tus：長い複葉をもつ
longiracemô-sus：長い総状花序をもつ
longirós-tris：長い嘴をもつ
longiscà-pus：長い花茎をもつ
longisép-alus：長い萼をもつ
longís-pathus：長い仏炎苞をもつ
longispì-nus：長い刺をもつ
longís-simus：最も長い、たいへん長い
longís-tylus：長い花柱をもつ
lón-gus：長い
lophán-thus：鶏冠のある花をもつ
lorifô-lius：帯状の葉をもつ
lotifô-lius：ミヤコグサ属（*Lotus*）に似た葉をもつ
louisià-nus：ルイジアナの
lù-cidus：強い光沢がある、明るい、輝く
ludovicià-nus：ルイジアナの
lunà-tus：月形の、三日月形の
lunulà-tus：やや三日月形の
lupulì-nus：ホップのような
lù-ridus：褐黄色の
lusitán-icus：ポルトガルの
lutè-olus：黄色っぽい
lutés-cens：黄色っぽくなる
lutetiá-nus：パリ［古名を Lutetia という］の
lù-teus：黄色い

luxù-rians：繁茂した
lychnidifò-lius：センノウ属（Lychnis）に似た葉をもつ
lycóc-tonum：猛毒の［トリカブト属の中でも猛毒で有名な Aconitum lycoctonum の形容語である］
lycopodioì-des：ヒカゲノカズラ属（Lycopodium）のような
lyrà-tus：頭大羽裂の
lysimachioì-des：オカトラノオ属（Lysimachia）のような

macedón-icus：マケドニアの
macilén-tus：やせた、貧弱な
macracán-thus：大きな刺をもつ
macrán-drus：大きな雄しべをもつ
macrán-thus：大きな花をもつ
macradè-nia, macrodè-num：大きな腺をもつ
macro-：長い、大きい（本文140頁参照）
maculà-tus, maculò-sus：斑点をもつ
maesì-acus：Moesia（ブルガリアとセルビア地域の古代名）の
magellán-icus：マゼラン海峡の
magníf-icus：壮大な、目立った
mág-nus：大きい
majà-lis：五月の
majés-ticus：荘厳な
mà-jor, mà-jus：より大きい
malabár-icus：マラバル海岸の
malacoì-des：軟質の、粘液質の
malacospér-mus：軟質の種子をもつ
malifór-mis：リンゴ形の
malvà-ceus：ゼニアオイ属（Malva）のような
malvaeflò-rus [malviflorus]：ゼニアオイ属に似た葉をもつ
mamillà-tus, mammillà-ris, mammò-sus：乳頭をもつ、乳頭状突起をもつ
mammulò-sus：小乳頭をもつ、小乳頭状突起をもつ
mandshù-ricus, mandschú-ricus：満州の（中国東北部の）
manicà-tus：長い袖をもつ［ある種の密毛をもつことを暗示するといわれる］
manzanì-ta：小さなリンゴ
margarità-ceus：真珠のような、真球の
margaritíf-era：真珠をもつ
marginà-lis：近縁の
marginà-tus：縁取りをもつ
marginél-lus：やや縁取りをもつ
marià-nus：メリーランドの［斑点のある葉をもつ、という意味もある］
marilán-dicus, marylán-dicus：メリーランドの
marít-imus：海の、海岸の
marmorà-tus, marmò-reus：大理石模様をもつ、斑紋をもつ
marmophýl-lus：大理石模様のある葉をもつ
maroccà-nus：モロッコの
más, masculà-tus, más-culus：男性の
matricariaefò-lius [matricariifolius]：シカギク属（Matricaria）に似た葉をもつ
matronà-lis：既婚婦人の
mauritán-icus：モーリタニア（北アフリカの古代王国）の
maxillà-ris：顎の
máx-imus：最大の

méd-icus：薬用の
mediopíc-tus：中央に着色部あるいは条線模様をもつ
mediterrà-neus：地中海地域の
mè-dius：中間の
medullà-ris：髄の
megacán-thus：大きな刺をもつ
megacár-pus：大きな果実をもつ
megalán-thus：大きな花をもつ
megalophýl-lus, megaphýl-lus：大きな葉をもつ
megapotám-icus：大きな川の
megarrhì-zus：大きな根をもつ
megaspér-mus：大きな種子をもつ
megastà-chyus：大きな穂状花序をもつ
megastíg-mus：大きな柱頭をもつ
meiacán-thus：小さな花をもつ
melanán-thus：黒い花をもつ
melanocén-trus：黒い中心部をもつ
melanchól-icus：陰気な、垂れ下がった
melanocár-pus：黒い果実をもつ
melanocaù-lon：黒い茎をもつ
melanocóc-cus：黒い液果をもつ
melanoleù-cus：白黒模様の
melanóx-ylon：黒い材をもつ
melanthè-rus：黒い葯をもつ
meleà-gris：ホロホロチョウのような、斑点をもつ
mél-leus：蜜の
mellíf-era：蜜をもつ
melliodò-rus：蜜のにおいをもつ
mellì-tus：蜜のように甘い
melofór-mis：メロンの形の
membranà-ceus：膜質の
meniscifò-lius：三日月形の葉をもつ
meridionà-lis：南方の
mesoleù-cus：白色が混じった
metál-licus：金属光沢をもつ
meteloì-des：金属のような
mexicà-nus：メキシコの
mì-cans：きらきら輝く
michauxioì-des：キキョウ科の *Michauxia* のような
micracán-thus：小さな刺をもつ
micrán-thus：小さな花をもつ
microcár-pus：小さな果実をもつ
microcéph-alus：小さな頭をもつ
microchì-lum：小さな唇弁をもつ
micród-asys：小さい、毛深い、多毛の
míc-rodon：小さな鋸歯をもつ
microglós-sus：小さな舌をもつ
micról-epis：小さな鱗片をもつ
micróm-eris：少数の部分をもつ
micropét-alus：小さな花弁をもつ
microphýl-lus：小さな葉をもつ
micróp-terus：小さな翼をもつ
microsép-alus：小さな萼をもつ
microstè-mus：小さな花糸をもつ
microthè-le：小乳頭
mikanioì-des：キク科の *Mikania* のような
milià-ceus：キビの
milità-ris：軍隊の、軍人のような
millefolià-tus, millefò-lius：多くの葉をもつ
mimosoì-des：オジギソウ属（*Mimosa*）のような
mì-mus：偽の
mì-nax：脅す、危険な
minià-tus：朱色の
mín-imus：最も少ない、最小の
mì-nor, mì-nus：より小さい
minutiflò-rus：微小な花をもつ
minutifò-lius：微小な葉をもつ
minutís-simus：極微小の、最も微小

minù-tus：微少な、非常に小さい
miráb-ilis：驚異の、並外れた
mì-tis：穏やかな、やさしい、刺がない
mitrà-tus：ターバンを巻いた
míx-tus：混合した
modés-tus：適度の、控えめな
moesì-acus：バルカン地方の
moldáv-icus：モルダヴィア（ドナウ地方）の
mól-lis：軟らかい、軟毛のある
mollís-simus：たいへん軟らかい毛をもつ
moluccà-nus：マルク諸島（西インド諸島）の
monacán-thus：1個の刺をもつ
monadél-phus：一束状に集まって、単体雄ずいの
monán-drus：1個の雄しべをもつ
mongól-icus：モンゴルの
monilíf-era：首飾りをもつ
monocéph-alus：1個の頭をもつ
monóg-ynus：1個の雄しべの
monoì-cus：雌雄同株の
monopét-alus：1個の花弁をもつ
monophýl-lus：1枚の葉をもつ
monóp-terus：1個の翼をもつ
monopyrè-nus：1個の核をもつ
monosép-alus：1個の萼をもつ
monospér-mus：1個の種子をもつ
monostà-chyus：1個の穂状花序をもつ
monspessulà-nus：モンペリエの
monstrò-sus：異常発生の、奇形の
montà-nus：山の
montén-sis：山の民
montíc-olus：山に生える
montíg-enus：山地生の

morifò-lius：クワ属（*Morus*）に似た葉をもつ
mosà-icus：モザイク状に着色した
moschà-tus：麝香のにおいがする
mucò-sus：粘る
mucronà-tus：微突形の
mucronulà-tus：極微突形の
multibracteà-tus：多くの苞葉をもつ
multicaù-lis：多くの茎をもつ
multíc-avus：多孔をもつ
múl-ticeps：多くの頭をもつ
multíc-olor：多くの色をもつ
multicostà-tus：多くの隆条をもつ
multíf-idus：多分裂した
multiflò-rus：多くの花をもつ
multifurcà-tus：多く叉状分岐した
multíj-ugus：多く連結した、多対の［たとえば、羽状複葉］
multilineà-tus：多数の条線をもつ
multinér-vis：多数の脈をもつ
múl-tiplex：多く重なった
multiradià-tus：多くの舌状花をもつ
multiséc-tus：多分裂した
mún-dulus：整った
munì-tus：刺をもつ、防備がかたい
murà-lis：壁の
muricà-tus：鋭突起に覆われてざらざらした
musà-icus：バショウ属（*Musa*）のような［この意味の形容語はmusaceusで、musaicusは「モザイク模様のような」の意とされる］
muscaetóx-icum［muscitoxicum］：ハエに有毒な
muscíp-ula：ハエを取るもの
muscoì-des：苔のような
muscív-orus：ハエを食べる
muscò-sus：苔のような

mutáb-ilis, mutá-tus：変わりやすい
mù-ticus：鈍頭の、先端が鋭くない
mutilá-tus：不完全な、部分的に欠けた
myoporoì-des：ハマジンチョウゲ属（*Myoporum*）のような
myriacán-thus：無数の刺をもつ
myriocár-pus：無数の果実をもつ
myrióc-ladus：無数の枝をもつ
myriophýl-lus：無数の葉をもつ
myriostíg-mus：無数の柱頭をもつ
myrmecóph-ilus：蟻が好む
myrsinifò-lius：ツルマンリョウ属（*Myrsine*）に似た葉をもつ
myrsinoì-des：ツルマンリョウ属のような
myrtifò-lius：ギンバイカ属（*Myrtus*）に似た葉をもつ

nanél-lus：極矮性の
nà-nus：矮性の
napifór-mis：カブラ形の、偏球形の
narcissiflò-rus：スイセン属（*Narcissus*）に似た葉をもつ
narinò-sus：幅広の鼻をもつ、幅広の突出部をもつ
nasù-tus：大きな鼻をもつ、大きい突出部をもつ
nà-tans：浮遊する、浮動する
nauseò-sus：不快な、吐き気を催させる
naviculà-ris：舟状の、舟形の
neapolità-nus：ナポリの
nebulò-sus：雲のような、はっきりしない
negléc-tus：無視された、見過ごされていた
nelumbifò-lius：ハス属（*Nelumbo*）に似た葉をもつ
nemorà-lis, nemorò-sus：森林に生える
nepetoì-des：イヌハッカ属（*Nepeta*）のような
nephról-epis：腎臓形の鱗片をもつ
nereifò-lius, neriifo-lius：キョウチクトウ属（*Nerium*）に似た葉をもつ
nervò-sus：[発達した]脈をもつ
níc-titans：まばたきする、動く
nì-dus：巣
nì-ger：黒い
nigrà-tus：黒っぽい
nigrés-cens：黒くなる
níg-ricans：黒い
nigricór-nis：黒い角（つの）をもつ
nigrofrúc-tus：黒い果実をもつ
níg-ripes：黒い脚（柄）をもつ
nilót-icus：ナイル川の
nippón-icus：日本の
nì-tens, nít-idus：光る
nivà-lis, nív-eus：雪のあるところに生える、雪のように白い
nivò-sus：雪で満ちた、雪の降ったような
nobíl-ior：より気品のある
nób-ilis：気品のある、有名な
nobilís-simus：非常に気品のある
noctiflò-rus：夜に咲く
noctúr-nus：夜の
nodiflò-rus：節に花をもつ
nodò-sus：顕著な結節をもつ
nodulò-sus：小結節をもつ
nòli-tángere：触れるような、の意［キツリフネの学名の形容語。この類の果実は触れると勢いよくはじけて、種子を飛ばす］
nonscríp-tus：無記載の、未記載の

norvég-icus：ノルウェーの
notā-tus：斑紋をもつ
nŏ-vae-án-gliae：ニューイングランドの
nŏ-vae-caesár-eae：ニュージャージーの
nŏ-vae-zealánd-iae：ニュージーランドの
nŏ-vi-bél-gii：ニューヨークの
nubíc-olus：雲の中に住む
nubíg-enus：雲の中に生まれる
nucíf-era：堅果をもつ
nudā-tus：裸の
nudicaū-lis：裸の茎をもつ
nudiflŏ-rus：裸の花をもつ［開葉に先立って開く花をもつ、の意もある］
nù-dus：裸の
numíd-icus：古代ヌミディア（アルジェリア）の
numís-matus：コイン（硬貨）の
nummularifô-lius：コイン（硬貨）に似た葉をもつ
nummulā-rius：コイン（硬貨）のような
nù-tans：うなだれる、点頭する
nyctagín-eus, nyctíc-alus：夜に咲く
nymphoĭ-des：スイレン属（Nymphaea）のような

obcón-icus：倒円錐形の
obcordā-tus：倒心臓形の
obê-sus：肥満した、多肉の
obfuscā-tus：曇った、混乱した
oblanceolā-tus：倒披針形の
oblĭ-quus：斜形の
obliterā-tus：跡形もない、消された
oblongā-tus：長楕円形の

oblongifŏ-lius：長楕円形の葉をもつ
oblón-gus：長楕円形の
obovā-tus：倒卵形の
obscū-rus：不明瞭な、隠された
obsolē-tus：退化した、痕跡的な
obtusā-tus：鈍形の
obtusifŏ-lius：鈍頭の葉をもつ
obtusíl-obus：鈍頭の裂片をもつ
obtù-sior：より鈍形の
obtù-sus：鈍形の
obvallā-tus：明瞭に壁に囲まれた
occidentā-lis：西方の
oceán-icus：大洋の、海の近くに生える
ocellā-tus：蛇の目模様をもつ
ochnā-ceus：オクナ科の Ochna のような
ochrā-ceus：黄土色の
ochreā-tus：托葉鞘をもつ
ochroleŭ-cus：黄白色の
octán-drus：8個の雄しべをもつ
octopét-alus：8個の花弁をもつ
octophýl-lus：8個の葉をもつ
oculā-tus：目のある、小眼のある
ocymoĭ-des：メボウキ属（Ocimum）のような
odessā-nus：オデッサ（ロシア南部）の
odontĭ-tes：歯
odontochĭ-lus：鋸歯のある唇弁をもつ
odoratís-simus：非常に芳香のある
odorā-tus, odŏ-rus：芳香のある、香りのよい
officinā-lis：薬局で売られる、薬用の
officinā-rum：薬屋の
oleaefŏ-lius, oleifŏ-lius：オリーブ属（Olea）に似た葉をもつ

oleíf-era：油を有する

oleoì-des：オリーブ属（*Olea*）のような

olerà-ceus：菜園の

oligán-thus：少数の花をもつ

oligocár-pus：少数の果実をもつ

oligophýl-lus：少数の葉をもつ

oligospér-mus：少数の種子をもつ

olitô-rius：菜園の

olivà-ceus：オリーブ色の

olivaefór-mis [oliviformis]：オリーブ形の

olým-picus：オリンポス山の［バルカン半島や小アジアなどの山々をも意味している］

omnív-orus：何でも食べる［たとえば、寄主を選ばない寄生植物などに言及して］

onobrychioì-des：イガマメ属（*Onobrychis*）のような

opá-cus：光沢のない、ぼかされた

operculà-tus：蓋をもつ

ophiocár-pus：細く曲がりくねった果実をもつ

ophioglossifô-lius：ハナヤスリ属（*Ophioglossum*）に似た葉をもつ

ophioglossoì-des：ハナヤスリ属のような

ophiuroì-des：イネ科の *Ophiurus* [*Ophiuros*] のような

oppositiflô-rus：対生する花をもつ（葉に対して）

oppositifô-lius：対生葉をもつ

opuliflô-rus：ヨウシュカンボク（*Viburnum opulus*）に似た花をもつ

opulifô-lius：ヨウシュカンボクに似た葉をもつ

orbiculà-ris, orbiculà-tus：円形の

orchíd-eus：ランのような

orchidiflô-rus：ランに似た花をもつ

orchioì-des, orchiò-des：ランのような

oregà-nus：オレゴンの

oreóph-ilus：山を好む

orgyà-lis：両腕を広げた長さの、約1.8mの

orientà-lis：東洋の、東方の

origanifô-lius：ハナハッカ属（*Origanum*）に似た葉をもつ

origanoì-des：ハナハッカ属の

ór-nans：飾りとされる、飾りとなる

ornatís-simus：非常に見栄えのする

ornà-tus：華やかな、装飾的価値のある

ornithocéph-alus：鳥の頭のような

ornithóp-odus, orníth-opus：鳥の足のような

ornithorhýn-chus：鳥の嘴のような形の

oroboì-des：マメ科の *Orobus*［レンリソウ属（*Lathyrus*）に含めて扱われることが多い］のような

orthób-otrys：直立した総状花序をもつ

orthocár-pus：直立した果実をもつ

orthochì-lus：直立した唇弁をもつ

orthóp-terus：直立した翼をもつ

orthosép-alus：直立した萼をもつ

osmán-thus：香りのある花をもつ

ovalifô-lius：広楕円形の葉をもつ

ovà-lis：広楕円形の

ovatifô-lius：卵形の葉をもつ

ovà-tus：卵形の

ovíf-era, ovíg-era：卵をもつ、卵状の物をもつ

ovì-nus：羊に関係する、羊用の

oxyacán-thus：鋭い刺をもつ

oxygò-nus：鋭い稜をもつ、鋭い角（かど）をもつ
oxypét-alus：鋭形の花弁をもつ
oxyphýl-lus：鋭形の葉をもつ
oxysép-alus：鋭形の萼片をもつ

pabulà-rius：飼い葉の、牧草の
pachyán-thus：多肉質の花をもつ
pachycár-pus：厚い果皮をもつ
pachyneù-rus：太い脈をもつ
pachyphlóe-us：厚い樹皮をもつ
pachyphýl-lus：厚い葉をもつ
pachýp-terus：厚い翼をもつ
pacíf-icus：太平洋の
palaestì-nus：パレスティナの
paleà-ceus：内穎をもつ、モミ殻のような
pál-lens：淡い色の
pallés-cens：淡い色になる
pallià-tus：覆い隠された
pallidiflò-rus：淡い色の花をもつ
pallidifò-lius：淡い色の葉をもつ
pallidispì-nus：淡い色の刺をもつ
pál-lidus：淡い色の、青ざめた色の
palliflà-vens：淡黄色の
palmà-ris：掌状の
palmatíf-idus：掌状分裂した
palmà-tus：掌状の
palmifò-lius：ヤシに似た葉をもつ
paludò-sus, palús-tris：湿地を好む
pandurà-tus：ヴァイオリン形の
paniculà-tus：円錐状の
paniculíg-era：円錐花序をもつ
pannón-icus：古代パンノニア（現、ハンガリー近辺）の
pannò-sus：ぼろぼろに破れた
papaverà-ceus：ケシ属（*Papaver*）のような

papillionà-ceus：蝶のような
papillò-sus：乳頭、あるいは乳頭状突起をもつ
papyrà-ceus：紙ような、紙質の
papyríf-era：紙をもつ
paradisì-acus：楽園の、庭の
paradóx-us：逆説的な、奇異な
parasít-icus：寄生の［着生の、という意味でも使われる］
pardalì-nus：ヒョウのような、斑紋をもつ
pardì-nus：ヒョウのような斑紋をもつ
parnassifò-lius：ウメバチソウ属（*Parnassia*）に似た葉をもつ
partì-tus：深裂した
parviflò-rus：小さな花をもつ
parvifò-lius：小さな葉をもつ
parvís-simus：極小の
pár-vulus：極小の
pár-vus：小さい
patagón-icus：パタゴニアの
patavì-nus：パドア［イタリア］の
patellà-ris：円盤状の
pà-tens：広がった、開出した
pát-ulus：［やや］開出した
pauciflò-rus：少数の花をもつ
paucifò-lius：少数の葉をもつ
paucinér-vis：少数の脈をもつ
paupér-culus：貧弱な
pavonì-nus：クジャクのような
pectinà-ceus, pectinà-tus：櫛の歯のような
pectiníf-era：櫛の歯をもつ
pectorà-lis：胸骨のような形の
pedatíf-idus：鳥足状に裂けた
pedà-tus：鳥足状の
pedemontà-nus：ピエモンテ（イタリア）の

pediculà-rius：シラミ、シラミがたかった
pedunculà-ris, pedunculà-tus：花柄をもつ
pedunculò-sus：多くの花柄をもつ
pellù-cidus：透明点をもつ
peltà-tus：楯状の、楯形の
peltifò-lius：楯形の葉をもつ
pelvifór-mis：浅いコップ形の
penduliflò-rus：下垂する花をもつ
pendulì-nus：やや下垂した
pén-dulus：下垂する、つり下がる
penicillà-tus：筆の穂先状の
peninsulà-ris：半島に生える
pennà-tus：羽状の
penníg-era：羽状のものをもつ
penninér-vis：羽状脈をもつ
pennsylván-icus：ペンシルヴェニアの
pén-silis：ぶら下がった、つり下がる
pentadè-nius：5個の鋸歯をもつ
pentagò-nus：5個の稜をもつ
pentág-ynus：5個の雌しべをもつ
pentán-drus：5個の雄しべをもつ
pentán-thus：5個の花をもつ
pentál-ophus：5個の翼をもつ、5個の房飾りをもつ
pentapetaloì-des：5個の花弁のような
pentahýl-lus：5個の花弁をもつ
pentáp-terus：5個の翼をもつ
peploì-des：トウダイグサ属の*Euphorbia pepuls*のような
perbél-lus：非常に美しい
percús-sus：鋭く尖った
peregrì-nus：異国の、外国の
perén-nans, perén-nis：多年生の
perfolià-tus：突き抜きの葉をもつ
perforà-tus：貫通した、孔をもつ

perfós-sus：突き抜きの
pergrác-ilis：非常に細長い
permíx-tus：非常に混合した
persicaefò-lius, persicifò-lius：モモに似た葉をもつ
pér-sicus：ペルシアの、モモの
persís-tens：永存の、宿存の
perspíc-uus：澄んだ、透明な
pertù-sus：貫通した、孔の開いた
perulà-tus：ポケットのような
peruvià-nus：ペルーの
petaloíd-eus：花弁のような
petiolà-ris, petiola-tus：葉柄をもつ
petrae-us：岩を好む
petrocál-lis：岩地の美 [*Petrocallis*はアブラナ科の属でロックガーデンに植栽される]
phaeocár-pus：黒ずんだ果実をもつ
phàe-us：浅黒い
philadél-phicus：フィラデルフィア地方の
phillyraeoì-des：モクセイ科の*Phillyrea*のような
philoxeroì-des：ヒユ科の*Philoxerus*のような
phleioì-des：アワガエリ属（*Phleum*）のような
phlogiflò-rus：炎の色の花をもつ、クサキョウチクトウ属（*Phlox*）に似た花をもつ
phlogifò-lius：クサキョウチクトウ属に似た葉をもつ
phoeníc-eus：紫紅色の
phoenicolà-sius：紫色の毛をもつ
phrýg-ius：フリギア（小アジア）の
phyllanthoì-des：コミカンソウ属（*Phyllanthus*）のような
phyllomanì-acus：旺盛に葉が茂る
phymatochì-lus：長い唇弁をもつ

［隆起した唇弁をもつ］
phytolaccoì-des：ヤマゴボウ属（*Phytolacca*）のような
picturà-tus：着色された葉をもつ、絵に描いたような、斑入りの
píc-tus：着色された、美しい
pileà-tus：帽子をもつ
pilíf-era：軟毛をもつ
pilosiús-culus：やや長軟毛をもつ
pilò-sus：長軟毛に覆われた
pilulà-ris：丸い果実をもつ
pilulíf-era：小球をもつ
pimeleoì-des：ジンチョウゲ科の *Pimelea* のような
pimpinellifò-lius：ミツバグサ属（*Pimpinella*）に似た葉をもつ
pinetò-rum：針葉樹林の
pín-eus：マツの
pinguifò-lius：油分の多い葉をもつ
pinifò-lius：マツに似た葉をもつ
pinnatíf-idus：羽状裂した
pinnatifò-lius：羽状複葉をもつ
pinnát-ifrons：羽状の葉身をもつ
pinnatinér-vis：羽状脈をもつ
pinnà-tus：羽状の
piperì-ta：ハッカの香りをもつ
pisíf-era：エンドウ豆をもつ
pisocár-pus：エンドウ豆のような形の果実をもつ
placà-tus：静かな
placentifór-mis：環状の
planiflò-rus：偏平な花をもつ
planifò-lius：偏平な葉をもつ
plán-ipes：偏平な脚（柄）をもつ
plantagín-eus：オオバコ属（*Plantago*）のような
plà-nus：偏平な
platanifò-lius：スズカケノキ属（*Platanus*）に似た葉をもつ
planatoì-des：スズカケノキ属のような
platán-thus：幅広の花をもつ
platycán-thus：幅広の刺をもつ
platycár-pus：幅広の果実をもつ
platycaù-lon：幅広の茎をもつ
platycén-tra：幅広の距をもつ
platýc-ladus：偏平な枝をもつ
platyglós-sus：幅広の舌をもつ
platyneù-rus：幅広の脈をもつ
platypét-alus：幅広の花弁をもつ
platyphýl-lus：幅広の葉をもつ
platýp-odus, plát-ypus：幅広の脚（柄）をもつ
platýs-pathus：幅広の仏炎苞をもつ
platyspér-mus：幅広の種子をもつ
pleioneù-rus：多くの脈をもつ
pleniflò-rus：八重の花をもつ
plenís-simus：非常にたくさんの、完全八重の
plè-nus：たくさんの、八重の
pleurós-tachys：側生の穂状花序をもつ
plicà-tus：扇だたみのひだをもつ
plumà-rius, plumà-tus：羽毛状の、羽毛で覆われた
plumbaginoì-des：ルリマツリ属（*Plumbago*）のような
plúm-beus：鉛の
plumò-sus：羽毛状の
pluriflò-rus：多くの花をもつ
poculifór-mis：深いコップ形の
podág-ricus：結節状の柄をもつ
podalyriaefò-lius [podalyriifolius]：マメ科の *Podalyria* に似た葉をもつ
podocàr-pus：柄のある果実をもつ
podól-icus：ポドリア（南西ロシア）の

podophýl-lus：柄のある葉をもつ
poét-icus：詩人の［古代ギリシア・ローマ時代の詩人と関連のある植物に言及して］
polifô-lius：ニガクサ属の *Teucrium polium* に似た葉をもつ、白い葉をもつ
polî-tus：磨いたような平滑な
polyacán-thus：多くの刺をもつ
polyán-drus：多くの雄しべをもつ
polyán-themos, polyán-thus：多くの花をもつ
polybót-rya：多くの総状花序をもつ
polybúl-bon：多くの子球をもつ
polycár-pus：多くの果実をもつ
polycéph-alus：多くの頭をもつ
polychrô-mus：多くの色をもつ
polydác-tylus：多くの指のある
polygaloî-des：ヒメハギ属（*Polygala*）のような
polýg-amus：花が雑性の
polýl-epis：多くの鱗片をもつ
polýl-ophus：頂部に多くの飾りをもつ
polymór-phus：多形の、変わりやすい
polyét-alus：多くの花弁をもつ
polyphýl-lus：多くの葉をもつ
polyrrhî-zus：多くの根をもつ
polysép-alus：多くの萼片をもつ
polyspér-mus：多くの種子をもつ
polystà-chyus：多くの穂状花序をもつ
polystíc-tus：多くの斑点をもつ
pomà-ceus：リンゴのような
pomeridiâ-nus：午後の
pomíf-era：リンゴ果をもつ
pompô-nius：房飾りの、冠毛の
ponderô-sus：重い

pón-ticus：ポントゥス（小アジア）［黒海南岸地域］の
populifô-lius：ヤマナラシ属（*Populus*）に似た葉をもつ
popúl-neus：ヤマナラシ属の
porcî-nus：ブタの、ブタの餌の
porophýl-lus：リーキに似た葉をもつ、中空の葉をもつ
porphỳ-reus：紫の
porphyroneù-rus：紫色の脈をもつ
porphyrostẽ-le：紫色のずい柱をもつ
porrifô-lius：リーキに似た葉をもつ
portulà-ceus：スベリヒユ属（*Portulaca*）のような［ただし、この意味の形容語は portulacaceus で、portulaceus はミソハギ科の *Portula*（=*Peplis*）のような、の意とする解釈もある］
potamóph-lius：湿地を好む、川を好む
potatô-rum：酒飲みの［酒をつくる植物に言及して］
praeál-tus：非常に高い
praè-cox：早咲きの、たいへん早い
praemór-sus：端がかみ切られた
praè-stans：目立った、すぐれた
praetéx-tus：縁取られた
prasinà-tus：緑がかった
prás-inus：草色の
pratén-sis：草原の
pravís-simus：非常に曲がった、非常にねじれた
precatô-rius：祈る、信仰心のある［種子でロザリオをつくるので］
primulaefô-lius, primulifô-lius：サクラソウ属（*Primula*）に似た葉をもつ
primúl-inus：サクラソウ属のような
primuloî-des：サクラソウ属のような

prín-ceps：豪華な、筆頭の
prismát-icus：プリズム形の、三稜形の
prismatocár-pus：プリズム形の果実をもつ
proboscíd-eus：長く湾曲した角状突起のような
procè-rus：高い
procúm-bens：伏臥した、倒伏した
procúr-rens：広がる
prodúc-tus：伸長した
profù-sus：たくさんの
prolíf-era：横枝を出す、むかごを生じる
prolíf-icus：多産の、実りの多い
propén-dens：下垂する、つり下がる
propín-quus：関連のある、近縁の
prostrà-tus：平伏の
protrù-sus：突出する
provincià-lis：プロヴァンスの
pruinà-tus, pruinò-sus：白粉をかぶった
prunelloî-des：ウツボグサ属（*Prunella*）のような
prunifò-lius：サクラ属（*Prunus*）に似た葉をもつ
prù-riens：かゆみを起こさせる
psilostè-mon：無毛の雄しべをもつ
psittác-inus：オウムのような［色の］
psittacò-rum：オウムの
psycò-des：芳香のある
ptarmicaefò-lius [ptamicifolius]：オオバナノノコギリソウ（*Achillea ptarmica*）に似た葉をもつ
ptarmicoî-des：オオバナノノコギリソウのような
pterán-thus：翼弁のある花をもつ
pteridoî-des：イノモトソウ属（*Pteris*）のような
pteroneù-rus：翼のある脈をもつ
pù-bens：軟毛の生えた
puberulén-tus, pubér-ulus：やや軟毛の生えた
pebés-cens：軟毛の生えた
pubíg-era：軟毛をもつ
pubiflò-rus：軟毛のある花をもつ
pubinér-vis：軟毛のある脈をもつ
pudì-cus：はにかみやの、内気な、縮む［オジギソウの葉のような性質に言及して］
pugionifór-mis：短剣の形をした
pulchél-lus：愛らしい、美しい
púl-cher：顔立ちの整った、美しい
pulchér-rimus：非常に美しい
púl-lus：暗色の
pulverulén-tus：粉をつけた、ちりで覆われた
pulvinà-tus：クッションのような、枕状の
pù-milus：低い、小さい
punctatís-simus：非常に斑点のある
punctà-tus：斑点のある
punctilób-ulus：斑点のある裂片をもつ
pún-gens：刺すような、鋭く尖った
puníc-eus：赤みがかった紫色の
púr-gans：下剤になる
purpurà-ceus：紫色の
purpurás-cens：紫色になる
purpurà-tus, purpù-reus：紫色の
pusíl-lus：非常に小さい
pustulà-tus：気泡を生じたような
pycnacán-thus：密に刺をつけた
pycnán-thus：密に花をつけた
pycnocéph-alus：密に頭をつけた
pycnostà-chyus：密に穂状花序をつけた

pygmaẽ-us：矮小な
pyramidà-lis：ピラミッド形の
pyrenaẽ-us, pyrenà-icus：ピレネーの
pyrifô-lius：ナシ属（*Pyrus*）に似た葉をもつ
pyrifór-mis：ナシの形をした
pyxidà-tus：蓋果のような、蓋をもつ

quadrangulà-ris, quadrangulà-tus：4稜形の
quadrà-tus：4つの、四角形の
quadriaurì-tus：4つの耳をもつ
quadríc-olor：4色の
quadridentà-tus：4個の鋸歯をもつ
quadríf-idus：4裂した
quadrifô-lius：4枚の葉をもつ
quadripartì-tus：4深裂した
quadrivál-vis：4弁をもつ、4個の弁状部をもつ
quadrivúl-nerus：4個の傷跡のようなしみをもつ
quercifô-lius：コナラ属（*Quercus*）に似た葉をもつ
quérc-inus：コナラ属の
quinà-tus：5つの、5数の
quinquéc-olor：5色の
quinqueflô-rus：5個の花をもつ
quinquefô-lius：5枚の葉をもつ
quinqueloculà-ris：5室をもつ
quinquenér-vis：5個の脈をもつ
quinquepunctà-tus：5個の斑点をもつ
quinquevúl-nerus：5個の傷跡のようなしみをもつ

racemiflô-rus：総状の花をもつ
racemô-sus：総状花序をもつ
rà-dians：放射状になる
radià-tus：放射状の、舌状花をもつ
radì-cans：根を出す
radicà-tus：根をもつ
radicô-sus：多くの根をもつ
radì-cum：根の
radiô-sus：多くの舌状花をもつ
rád-ula：ざらざらした、やすりのような
ramentà-ceus：毛状のもので覆われた物をもつ
ramiflô-rus：分枝した花序をもつ
ramondioì-des：イワタバコ科の*Ramonda*のような
ramonsís-simus：多く分枝した
ramô-sus：分枝した
ramulô-sus：多くの小枝をもつ
raníf-era：カエルを有する
ranunculoì-des：キンポウゲ属（*Ranunculus*）のような
rapâ-ceus：カブラの、カブラ形の
rapunculoì-des：キキョウ科の*Rapunculus*［古い属名］のような
rariflô-rus：まばらな花をもつ
rá-rus：めずらしい
ràu-cus：きめの粗い、粗面の
reclinà-tus：反曲した
réc-tus：まっすぐの、直立した
recurvà-tus：反曲した
recurvifô-lius：反曲した葉をもつ
recúr-vus：反曲した
redivì-vus：よみがえった、生気を取り戻した
reduplicà-tus：反復した
refléx-us：強く反曲した
refrác-tus：折れ曲がった
refúl-gens：明るく輝く

regà-lis：王の、とても価値がある
regér-minans：再び発芽する
Regì-na：女王
rè-gius：王の、立派な、堂々たる
religiò-sus：宗教儀式などに使う
remotiflò-rus：まばらに花をつけた
remò-tus：まばらな、離れた
renifór-mis：腎臓形の
repán-dus：波状の縁をもつ
rè-pens：ほふくする
replicà-tus：背中へ折りたたまれた
rép-tans：ほふくする
reséc-tus：切り離された
resiníf-era：樹脂をもつ
resinò-sus：樹脂の多い
reticulà-tus：網状の
retinò-des：保留された
retór-tus：ねじれ返された
retroflèx-us：反転した
retrofrác-tus：後ろへ折れ曲がった、反転した
retù-sus：微凹頭の、先端がやや窪みのある円形の
revér-sus：反転した
revolù-tus：反巻きした
Réx：王
rhamnifò-lius：クロウメモドキ属（Rhamnus）に似た葉をもつ
rhamnoì-des：クロウメモドキ属のような
rhexifò-lius [rhexiifolius]：ノボタン科の Rhexia に似た葉をもつ
rhipsalioì-des：サボテン科の Rhipsalis のような
rhizophýl-lus：葉から根を生じた、葉が根づいて
rhodán-thus：淡紅色の花をもつ
rhodochì-lus：淡紅色の唇弁をもつ
rhodocínc-tus：淡紅色の覆輪をもつ
rhodoneù-rus：淡紅色の脈をもつ
rhoifò-lius：ヒナゲシに似た葉をもつ ［著者の誤りか？ 普通「ウルシ属（Rhus）に似た葉をもつ」と解される］
rhóm-beus：菱形の
rhomboíd-eus：長い菱形の
rhytidophýl-lus：しわの寄った葉をもつ
ricinifò-lius：トウゴマ属（Ricinus）に似た葉をもつ
ricinoì-des：トウゴマ属のような
rì-gens：硬い
rigidís-simus：非常に硬い
rigíd-ulus：やや硬い
ríg-idus：硬い
rín-gens：開口する、大きく口を開ける
ripà-rius：川岸の
rivà-lis：流れに生じる
rivulà-ris：小川を好む
robustispì-nus：頑丈な刺をもつ
robús-tus：頑丈な、丈夫な
romà-nus：ローマの
rosà-ceus：バラのような
rosaeflò-rus [rosiflorus]：バラに似た花をもつ
rò-seus：バラ色の、淡紅色の
rosmarinifò-lius：マンネンロウ属（Rosmarinus）に似た葉をもつ
rostrà-tus：嘴状の
rosulà-ris：ロゼット葉をもつ
rotà-tus：車輪状の
rotundà-tus：円形の
rotundifò-lius：円形の葉をもつ
rotún-dus：円形の
rubellì-nus, rubél-lus：赤っぽい
rù-bens, rù-bur：赤い
rubér-riums：非常に赤い

rubés-cens：赤くなる
rubicún-dus：赤っぽい、赤い
rubiginò-sus：錆色の、赤褐色の
rubioì-des：アカネ属（*Rubia*）のような
rubríc-alyx：赤い萼をもつ
rubricaù-lis：赤い茎をもつ
rubrifô-lius：赤い葉をもつ
rubronér-vis：赤い脈をもつ
rù-dis：荒々しい
rudiús-culus：荒々しい
rufés-cens：赤くなる
rufíd-ulus：やや赤褐色の、赤っぽい
rufinér-vis：赤い脈をもつ
rù-fus：赤い、赤っぽい
rugò-sus：しわの寄った
runcinà-tus：逆向きの鋸歯をもつ［葉の基部の方に向く鋸歯などに言及して］
rupíf-ragus：岩を割る、岩の割れ目に生える
rupés-tris：岩を好む
rupíc-olus：岩壁に生える
ruscifô-lius：ナギイカダ属（*Ruscus*）に似た葉をもつ
russà-tus：赤っぽい、アズキ色の
rusticà-nus, rús-ticus：田舎の
ruthén-icus：ロシアのルテニア［ウクライナ付近の歴史的呼称］の
rutidobúl-bon：表面の粗い球根をもつ
rutifô-lius：ヘンルーダ属（*Ruta*）に似た葉をもつ
rù-tilans：赤い、赤くなる

saccà-tus：袋状の
sacchará-tus：糖分を含む、甘い
saccharíf-era：糖分を有する
sacchár-inus：糖質の
saccharoì-des：砂糖のような
sác-charum：砂糖の
saccíf-era：袋をもつ
sacrò-rum：聖地の
sagittà-lis, sagittà-tus：矢じり形の
sagittifô-lius：矢じり形の葉をもつ
salicariaefô-lius [salicariifolius]：ヤナギ属（*Salix*）に似た葉をもつ
salicifô-lius：ヤナギ属に似た葉をもつ
salíc-inus：ヤナギ属のような
salicornioì-des：アッケシソウ属（*Salicornia*）のような
salíg-nus：ヤナギ属の
salí-nus：塩の、塩地生の
salsuginò-sus：塩湿地を好む
salviaefô-lius, salvifô-lius [salviifolius]：アキギリ属（*Salvia*）に似た葉をもつ
sambucifô-lius：ニワトコ属（*Sambucus*）に似た葉をもつ
sambucì-nus：ニワトコ属のような
sánc-tus：神聖な
sanguín-eus：血のような、血色の
sáp-idus：風味のある、心地よい味の
sapién-tum：賢人の［ちなみに、バショウ属（*Musa*）の学名に使われている］
saponà-ceus：石けん状の
sarcô-des：肉状の
sarmát-icus：サルマティア［ロシア東南部一帯の歴史的呼称］の、ロシアの
sarmentò-sus：走出枝をもつ
satì-vus：栽培された、耕作された
saturà-tus：濃色の
saurocéph-alus：トカゲの頭のよう

な
saxát-ilis：岩の間に見られる
saxíc-olus：岩の間に生える
saxŏ-sus：岩だらけの、岩の間に生える
scă-ber：ざらついた
sacbér-rimus：非常にざらついた
scabiosaefŏ-lius [scabiosifolius]：マツムシソウ属 (*Scabiosa*) に似た葉をもつ
scabrél-lus, scáb-ridus：ややざらついた
scán-dens：よじ登り性の、登はん性の
sacpŏ-sus：花茎をもつ
sacriŏ-sus：[わらのような] 乾膜質の
scép-trum：王笏の
schidíg-era：刺をもつ
schistŏ-sus：裂けた、割れた
schizoneŭ-rus：切れた脈をもつ
schizopét-alus：裂けた花弁をもつ
schizophýl-lus：裂けた葉をもつ
scholă-ris：学校に関係のある
scilloĭ-des：ツルボ属 (*Scilla*) のような
sclerocár-pus：硬い果実をもつ
sclerophýl-lus：硬い葉をもつ
scopă-rius：ほうき、ほうき状の
scopulŏ-rum：岩の
scorpioĭ-des：サソリのような
scorzoneroĭ-des：フタナミソウ属 (*Scorzonera*) のような
scót-ica：スコットランドの
scúl-ptus：彫刻のある
scutellă-ris, scutellă-tus：杯状の、皿形の
scută-tus：盾状の
scù-tum：盾

sebĭf-era：脂肪を有する
sebŏ-sus：脂肪が多い
sechellă-rum：セイシェル群島（インド洋）の
seclù-sus：隠された、隠遁した
secundiflŏ-rus：偏側生の花をもつ
secún-dus, secundă-tus：偏側生の、花が偏側生して咲く
securíg-era：斧を有する
ség-etum：穀物畑の
selaginoĭ-des：イワヒバ属 (*Selaginella*) のような
semială-tus：やや翼状の
semibaccă-tus：やや液果状の
semicaudă-tus：やや尾状の
semicylín-dricus：やや円柱形の
semidecán-drus：ほぼ10個の雄しべをもつ
semipinnă-tus：不完全な羽状の
semperflŏ-rens：四季咲きの
sempér-virens：常緑の
sempervivoĭ-des：クモノスバンダイソウ属 (*Sempervivum*) のような
senecioĭ-des：キオン属 (*Senecio*) のような
senĭ-lis：老人の、白毛をもつ
sensíb-ilis：敏感な
sensitĭ-vus：敏感な
sepiă-rius：生け垣に生える、生け垣に使う
sè-pium：生け垣の
septangulă-ris：7稜形の
septém-fidus：7裂した
septém-lobus：7個の裂片をもつ
septempunctă-tus：7個の斑点をもつ
septentrionă-lis：北方の
sepúl-tus：埋められた
sericán-thus：絹毛の生えた花をもつ

seríc-eus：絹毛状の

sericíf-era, sericóf-era：絹毛を有する

serót-inus：晩生の、遅咲きの

sér-pens：ほふくする

serpentī-nus：蛇の、蛇状の［蛇紋岩地域に生える、という意味もある］

serpyllifô-lius：セルピルムソウ（ヨウシュイブキジャコウソウ *Thymus serpyllum*）に似た葉をもつ

serratifô-lius：鋸歯のある葉をもつ

serrā-tus：鋸歯のある

serrulā-tus：やや鋸歯のある

sesquipedā-lis：長さ約45cmの、高さ約45cmの

sessiflô-rus：無柄の花をもつ

sessifô-lius：無柄の葉をもつ

sessiflô-rus：無柄の花をもつ

sessilifô-lius：無柄の葉をもつ

sés-silis：無柄の

setā-ceus：剛毛のような

setifô-lius：剛毛の生えた葉をもつ

setíg-era, sét-iger：剛毛をもつ

setíp-odus：剛毛の生えた脚（柄）をもつ

setispī-nus：剛毛状に刺をもつ

setô-sus：剛毛の多い

setulô-sus：小剛毛の多い

sexangulā-ris：六稜形の、六角形の

siā-meus：シャム（タイ）の

sibír-icus：シベリアの

siculifór-mis：短剣の形をした

síc-ulus：シシリーの

siderophloī-us：硬い樹皮をもつ

sideróx-ylon：硬い材をもつ

signā-tus：印をつけられた

silaifô-lius：セリ科の *Silaus*［= *Silaum*］に似た葉をもつ

silíc-eus：砂の、砂地に生える

siliculô-sus：短角果をもつ

siliquô-sus：長角果をもつ

silvát-icus, silvés-tris：森林生の

sím-ilis：同様の、類似の

sím-plex：単一の、無分枝の

simplicicaū-lis：分枝のない茎をもつ、単純な茎をもつ

simplicifô-lius：単葉をもつ

simplicís-simus：まったく無分枝の、完全な単葉の

sím-ulans：似ている

sín-icus：中国の

sinuā-tus, sinuô-sus：縁が深波状の

siphilít-icus：梅毒に効く

sisalā-nus：シザル［メキシコのユカタン半島にある港］に関係する

sisymbrifô-lius [sisymbriifolius]：カキネガラシ属（*Sisymbrium*）に似た葉をもつ

smarág-dinus：エメラルド色の

smilác-inus：シオデ属（*Smilax*）の

sobolíf-era：根元からの徒長枝をもつ

sociā-lis：社交的な、集団を形成する

socotrā-nus：ソコトラ島（アラビア半島沖合いにある）の

sodomè-um：ソドムの、死海地方の

solandriflô-rus：ラッパバナ属（*Solandra*）に似た花をもつ

solā-ris：太陽の、日当たりを好む

soldanelloí-des：サクラソウ科の*Soldanella* のような

sól-idus：中実の、中身の詰まった

somníf-era：眠りを誘う、睡眠性の

sonchifô-lius：ノゲシ属（*Sonchus*）に似た葉をもつ

sorbifô-lius：ナナカマド属（*Sorbus*）に似た葉をもつ

sór-didus：汚れた色の

spadíc-eus：肉穂花序をもつ
sparsiflô-rus：まばらな花をもつ
sparsifô-lius：まばらな葉をもつ
spár-sus：まばらな、少ない
spárteus：レダマ属（*Spartium*）のような
spathà-ceus：仏炎苞をもつ
spathulà-tus：へら形の、さじ形の
spathulifô-lius：へら形の葉をもつ
speciosís-simus：非常に見栄えのする
speciô-sus：見栄えのする、美しい
spectáb-ilis：壮観な、みごとな、見栄えのする
spectán-drus：見栄えのする
spéc-trum：像、幻影
speculà-tus：鏡のように光輝く
sphacelà-tus：枯れた、しおれた、元気のない
spháer-icus：球形の
sphaecocár-pus：球形の果実をもつ
sphaerocéph-alus：球形の頭をもつ
sphaeroíd-eus：球状の
sphaerostá-chyus：球状の穂状花序をもつ
spicà-tus：穂状花序をもつ
spicifór-mis：穂状花序に似た
spicíg-era：穂状花序をもつ
spiculifô-lius：小穂をつけた葉をもつ
spinà-rum：刺のある
spinés-cens：やや刺のある
spiníf-era：刺をもつ
spinosís-simus：非常に刺の多い
spinô-sus：刺の多い
spinulíf-era：小刺をもつ
spinulô-sus：やや刺のある、刺の強くない
spirà-lis：螺旋形の

spirél-lus：小螺旋形の
splén-dens：光輝いた、きらめいた
splendidís-simus：非常に光輝いた、非常にきらめいた
splén-didus：光輝いた、きらめいた
spondioï-des：ウルシ科の *Spondias* のような
spumà-rius：泡状の
spù-rius：偽の、いつわりの
squà-lens, squál-idus：汚れた
squamà-tus：鱗片状の葉、または苞葉をもつ
squamô-sus：多くの鱗片をもつ
squarrô-sus：先が開出したり反曲するものをもつ
stachyoï-des：イヌゴマ属（*Stachys*）のような
stamín-eus：顕著な雄しべをもつ
stáns：直立した
stauracán-thus：十字形の刺をもつ
stellà-ris, stellà-tus：星状の、星形の
stellíp-ilus：星状毛をもつ
stellulà-tus：やや星形の
stenocár-pus：細い果実をもつ
stenocéph-alus：細い頭をもつ
stenóg-ynus：細い柱頭をもつ
stenopét-alus：幅の狭い花弁をもつ
stenophýl-lus：幅の狭い葉をもつ
stenóp-terus：狭い翼をもつ
stenostá-chyus：細い穂状花序をもつ
stér-ilis：不毛の、実を結ばない
stigmát-icus：柱頭状の、柱頭の
stigmô-sus：顕著な柱頭状の、柱頭に関連する
stipulà-ceus, stipulà-ris, stipulà-tus：托葉をもつ
stipulô-sus：大形の托葉をもつ
stoloníf-era：走出枝をもつ

stramineofrúc-tus：わら色の果実をもつ
stramín-eus：わら色の
strangulà-tus：締めつけられた、圧縮された
streptocár-pus：ねじれた果実をもつ
streptopét-alus：ねじれた花弁をもつ
streptophýl-lus：ねじれた葉をもつ
streptosép-alus：ねじれた萼片をもつ
striát-ulus：かすかに条線のある、わずかに縞模様がある
striá-tus：条線がある、縞模様がある
striciflò-rus：硬い花をもつ
stríc-tus：剛直の、直立の
strigillò-sus：やや剛毛のある
strigò-sus：剛毛のある
strigulò-sus：小伏毛をもつ
striolà-tus：かすかに縞模様がある
strobilà-ceus：球果に似る
strobilíf-era：球果をもつ
strumà-rius：腫れ物の
strumà-tus：腫れ物をもつ
strumò-sus：枕状の、膨らみをもつ
stylò-sus：顕著な花柱をもつ
styphelioì-des：エパクリス科の *Styphelia* のような
styracíf-luus：樹脂を多く含む
suavè-olens：甘い香りの
suà-vis：芳しい、快い
suavís-simus：非常に芳しい、非常に快い
subacaù-lis：ほとんど無茎の
subalpì-nus：亜高山の
subauriculà-tus：やや耳状の
subcaerù-leus：わずかに青い
subcà-nus：やや灰白色の
subcarnò-sus：どちらかと言えば肉質の
subcordà-tus：やや心臓形の
subdivaricà-tus：わずかに開出した
subedentà-tus：ほぼ鋸歯のない
suberculà-tus：コルクの、コルク質の
suberéc-tus：やや直立した
suberò-sus：コルク質の樹皮をもつ
subfalcà-tus：やや鎌形の
subglaù-cus：やや白粉をかぶった
subhirtél-lus：やや有毛の
sublunà-tus：やや三日月形の
submér-sus：沈水性の、水中の
subperén-nis：ほぼ多年生の
subpetiolà-tus：ごく短い葉柄をもつ
subscán-dens：登はんする傾向がある
subsés-silis：ほぼ無柄の
subsinuà-tus：やや湾入した
subterrà-neus：地下の、地中の
subulà-tus：突錐状の
subumbellà-tus：やや散形の
subvillò-sus：やや軟毛のある
subvolù-bilis：やや回旋した、ややねじれた
succotrì-nus：ソコトラ島の(socotranus を参照)
succulén-tus：多肉質の
suéc-icus：スウェーデンの
suffrutés-cens, suffruticò-sus：やや低木状の、亜低木の
sufful-tus：支持された
sulcà-tus：条溝のある
sulphù-rens：硫黄色の
sumatrà-nus：スマトラの
supér-biens, supér-bus：すばらしく立派な、壮麗な
supercilià-ris：眉毛のような
supér-fluus：余分な、不必要な

supī-nus：倒伏した、ほふくした
supraaxillā-ris：腋上生の
supracā-nus：上部に灰白色の軟毛がある
surculō-sus：吸枝を出す、ひこばえを生じる
susiā-nus：ペルシア古代都市スサの
suspén-sus：つり下がった
sylvát-icus：森林を好む
sylvés-ter, sylvés-tris：森林生の
sylvíc-olus：森林生の
syphilít-icus：梅毒に効く
syrī-acus：シリアの
syringán-thus：ハシドイ属(*Syringa*)に似た花をもつ
syringifō-lius：ハシドイ属に似た葉をもつ

tabulaefór-mis, tabulifór-mis：平板状の、テーブル状の
tabulā-ris：テーブルのような、平たい[南アフリカのテーブル・マウンテンを示唆して]
taedíg-era：円錐形のものをもつ、松明をもつ
tanacetifō-lius：ヨモギギク属 (*Tanacetum*) に似た葉をもつ
taraxicifō-lius：タンポポ属 (*Taraxacum*) に似た葉をもつ
tardiflō-rus：遅咲きの花をもつ
tardī-vus：遅い
tartā-reus：ざらざらした粗い表面をもつ
tatár-icus：ダッタンの、中央アジアの
taū-reus：雄牛の
taū-ricus：クリミア半島の
taurī-nus：雄牛のような

taxifō-lius：イチイ属 (*Taxus*) に似た葉をもつ
téch-nicus：専門的な、特別の
tectō-rum：屋根の
téc-tus：隠された、覆われた
tellimoī-des：ユキノシタ科の *Tellima* のような
temulén-tus：酔っ払った
tenacís-simus：非常に粘り強い、とても頑強な
tē-nax：粘り強い、頑強な
tenebrō-sus：日陰地の
tenél-lus：細い、軟質の、華奢な
tē-ner, tén-era：細い、軟質の、華奢な
tentaculā-tus：触毛、あるいは感覚毛をもつ
tenuicaū-lis：細い茎をもつ
tenuiflō-rus：繊細な花をもつ
tenuifō-lius：薄い葉をもつ
tenuíl-obus：薄い裂片をもつ
tenū-ior：より細い
tenuipét-alus：薄い花弁をもつ
tén-uis：細い、薄い
tenuís-simus：非常に細い
tenuistý-lus：細い花柱をもつ
terebinthā-ceus：樹脂のある
terebinthifō-lius：テレビンノキ (*Pistacia terebinthus*) に似た葉をもつ
terebínth-inus：樹脂のある
tē-res：円柱形の
teretifō-lius：円柱形の葉をもつ
tereticór-nis：円柱形の角(つの)をもつ
terminā-lis：頂生の
ternatē-a：テルナテ島(マルク諸島)の
ternā-tus：3出の、3数の

ternifŏ-lius：3出葉の
terrés-tris：地上の、陸地の
tessellă-tus：市松模様をもつ
testă-ceus：明るい茶色の、レンガ色の、黄褐色の
testiculă-tus：睾丸状の
testudină-rius：亀甲状の
tetracán-thus：4個の刺をもつ
tetragonól-obus：4稜（角）形の莢をもつ
tetragŏ-nus：4稜（角）形の
tetrám-erus：4つの部分からなる
tetrán-drus：4個の雄しべをもつ
tetrán-thus：4個の花をもつ
tetraphýl-lus：4枚の葉をもつ
tetráp-terus：4個の翼をもつ
tetraquè-trus：4つの角（かど）をもつ
teucrioĭ-des：ニガクサ属（*Teucrium*）のような
texă-nus：テキサスの
téx-tilis：編んだ、織物に使う
thapsoĭ-des：ビロードモウズイカ（*Verbascum thapsus*）のような
thalictroĭ-des：カラマツソウ属（*Thalictrum*）のような
thebă-icus：テーベの
theíf-era：茶を有する
thermă-lis：暖かい、温泉の
thibét-icus：チベットの
thuríf-era：香りを有する
thuyoĭ-des, thyoĭ-des：クロベ属（*Thuja*）のような
thymifŏ-lius：イブキジャコウソウ属（*Thymus*）に似た葉をもつ
thymoĭ-des：イブキジャコウソウ属のような
thyrsiflŏ-rus：密錐花序をもつ
thyrsoĭ-des：密錐花序のような

tibét-icus：チベットの
tibíc-inis：笛吹きの
tigrĭ-nus：虎のような斑紋をもつ
tiliă-ceus：シナノキ属（*Tilia*）のような
tiliaefŏ-lius：シナノキ属に似た葉をもつ
tinctŏ-rius：染色用の、染料の
tínc-tus：染められた
tingită-nus：タンジール地方［モロッコ］の
tipulifór-mis：アメンボの形をした
tită-nus：巨大な
tomentŏ-sus：綿毛が密生した
tón-sus：剃り落とされた、刈り取られた
tormină-lis：腹痛に効く
torŏ-sus：ところどころにくびれのある円柱状の
tortifŏ-lius：葉がねじれた
tór-tilis：ねじれた、螺旋状の
tortuŏ-sus：非常にねじれた
tór-tus：ねじれた
torulŏ-sus：ところどころにややくびれのある円柱状の（torosus を参照）
toxică-rius, tóx-icus：有毒の
toxíf-era：有毒成分を有する
trachypleù-ra：ざらざらした稜あるいは脈をもつ
trachyspér-mus：ざらざらした種子をもつ
tragophýl-lus：イネ科の *Tragus* に似た葉をもつ
translù-cens：半透明な
transpă-rens：透明な
transylván-icus：トランシルヴァニアの
trapezifór-mis：台形の

trapezioì-des：台形のような
tremuloî-des：ヨーロッパヤマナラシ (*Populus tremula*) のような
trém-ulus：ふるえる
triacanthóph-orus：3個の刺をもつ
triacán-thus：3個の刺をもつ
trián-drus：3個の葯、あるいは雄しべをもつ
triangulà-ris, triangulà-tus：3稜（角）形の
trián-gulus：3稜（角）形の
tricaudà-tus：3個の尾をもつ
tricéph-alus：3個の頭をもつ
trichóc-alyx：有毛の萼をもつ
trichocár-pus：有毛の果実をもつ
trichomanefô-lius：コケシノブ科の *Trichomanes* に似た葉をもつ
trichomanoì-des：*Trichomanes* のような
trichophýl-lus：有毛の葉をもつ
trichosán-thus：有毛の花をもつ
trichospér-mus：有毛の種子をもつ
trichót-omus：3分枝した、三叉状の
tricóc-cus：3個の種子をもつ、3個の液果をもつ
tríc-olor：3色の
tricór-nis：3個の角（つの）をもつ
tricuspidà-tus：3尖頭の
tridác-tylus：3指の
trì-dens, tridentà-tus：3個の鋸歯をもつ
trifascià-tus：3束状の
tríf-idus：3中裂した
triflô-rus：3個の花をもつ
trifolià-tus：3枚の葉をもつ
trifoliolà-tus：3小葉の
trifô-lius：3葉の
trifurcà-tus, trifúr-cus：三叉状の
triglochidià-tus：3個の逆刺状の剛毛をもつ
trigonophýl-lus：3つの角（かど）のある葉をもつ
trilineà-tus：3つの条線をもつ
trilobà-tus, tríl-obus：3個の裂片をもつ
trimés-tris：三日月の
trinér-vis：3脈が目立った
trinotà-tus：3個の斑点をもつ
triornithóph-orus：3つの鳥をもつ
tripartì-tus：3深裂の
tripét-alus：3個の花弁をもつ
triphýl-lus：3枚の葉をもつ
tríp-terus：3個の翼をもつ
tripunctà-tus：3個の斑点をもつ
triquè-tris：3つの角（かど）をもつ
trispér-mus：3個の種子をもつ
tristà-chyus：3個の穂状花序をもつ
trís-tis：くすんだ、地味な
triternà-tus：3回3出の
triúm-phans：勝ち誇った、みごとな
trivià-lis：普通の、どこにでもある
trolliifô-lius：キンバイソウ属 (*Trollius*) に似た葉をもつ
tróp-icus：熱帯の
truncàt-ulus：やや切形の
truncà-tus：切形の
tubaefór-mis：漏斗状の
tubà-tus：漏斗状の
tuberculà-tus, tuberculô-sus：小さなこぶをもつ
tuberô-sus：塊茎のある
tubíf-era：管状の
tubiflô-rus：漏斗状の花をもつ
tubís-pathus：管状の仏炎苞をもつ
tubulô-sus：管状の
tulipíf-era：チューリップ状の花をもつ
tù-midus：膨れた

turbinā-tus：倒円錐形に、洋コマ形の
turbinél-lus：小形の洋コマ形の
túr-gidus：膨れ上がった、膨れた
typhī-nus：熱病の［ガマ属（*Typha*）のような、と解する文献が多い］
týp-icus：典型的な

ulíc-inus：ハリエニシダ属（*Ulex*）のような
uliginō-sus：湿地の
ulmifō-lius：ニレ属（*Ulmus*）に似た葉をもつ
ulmoī-des：ニレ属のような
umbellā-tus：散形花序をもつ
umbellulā-tus：小散形花序をもつ
umbonā-tus：中心に突起をもつ
umbraculíf-era：傘をもつ
umbrō-sus：影になった、日陰を好む
uncinā-tus：先が鉤状となる
undā-tus：波状の
undulatifō-lius：波状縁の葉をもつ
undulā-tus：波状となった
undulifō-lius：波状縁の葉をもつ
unguiculā-ris, unguiculā-tus：爪状となった
unguipét-alus：花弁に爪がある
unguispī-nus：爪状の刺をもつ
uníc-olor：単色の
unicór-nis：1角の
unidentā-tus：1個の鋸歯をもつ
uniflō-rus：単花をつける
unifō-lius：1枚の葉をもつ
unilaterā-lis：片側の、一側の
unioloī-des：イネ科の*Uniola*のような
univittā-tus：一条の
urbā-nus：都市を好む
urceolā-tus：壺形の

ū-rens：ひりひりする、刺すような
urentís-simus：非常にひりひりする、ひどく刺すような
urníg-era：水差し状のものをもつ
urophýl-lus：尾頭の葉をもつ
urostā-chyus：尾状の穂状花序をもつ
ursī-nus：熊のような、北方の
urticaefō-lius, urticifō-lius：イラクサ属（*Urtica*）に似た葉をもつ
urticoī-des：イラクサ属のような
usitatís-simus：非常に有用な
usneoī-des：サルオガセ属（*Usnea*）のような
ustulā-tus：焦げた、ひからびた
ū-tilis：有用な
utilís-simus：非常に有用な
utriculā-tus：1個の種子を含む胞果を有する
utriculō-sus：胞果をもつ
uvíf-era：ブドウをもつ

vaccinifō-lius：スノキ属（*Vaccinium*）に似た葉をもつ
vaccinoī-des：スノキ属のような
vacíl-lans：揺れ動く
vā-gans：広く分布する、拡がる
vaginā-lis, vaginā-tus：葉鞘をもつ
valdiviā-nus：バルディビア地方（チリ）の
valentī-nus：バレンシア地方（スペイン）の
vál-idus：強い
vandā-rum：ラン科の*Vanda*の
variáb-ilis, vā-rians, variā-tus：変わりやすい
varicō-sus：膨張した、脈が膨れた
variegā-tus：斑入りの

variifô-lius：変わりやすい葉をもつ
variifór-mis：いろいろな形の
vá-rius：多様な
vegetá-tus, vég-etus：活力のある、旺盛な
velá-ris：ヴェールをかぶった
velú-tinus：ビロードのような手触りの
vê-lox：成長の早い
venená-tus：有毒の
venô-sus：細脈が目立つ
ventricô-sus：太鼓腹の
venús-tus：かわいい、可憐な
verbascifô-lius：モウズイカ属（*Verbascum*）に似た葉をもつ
verecún-dus：控えめな、内気な
vermiculá-tus：芋虫のような、ミミズのような
verná-lis：春の
vernicíf-era, vernicíf-lua：ワニスを有する
vernicô-sus：ニスを塗ったような
vér-nus：春の
verrucô-sus：いぼ状の突起のある
verruculô-sus：小いぼ状突起に覆われた
versíc-olor：斑入りの、さまざまな色の
verticillá-ris, verticillá-tus：輪生の
vê-rus：本当の、純正の、標準の
vés-cus：弱い、薄い、かよわい
vesiculô-sus：小胞をもつ
vespertì-nus：夕方の、西方の
vestì-tus：[毛などで] 覆われた
véx-ans：惑わす、厄介な
vexillá-rius：旗弁をもつ
viburnifô-lius：ガマズミ属（*Viburnum*）に似た葉をもつ
viciaefô-lius, vicifô-lius [viciifo-lius]：ソラマメ属（*Vicia*）に似た葉をもつ
victoriá-lis：ヴィクトリアの[勝利の、と解する文献が多い]
villô-sus：軟毛のある
viminá-lis, vimín-eus：タイリクキヌヤナギ（*Salix viminalis*）のような
viníf-era：ブドウ酒を生ずる
vinô-sus：ブドウ酒色の
violá-ceus：菫色の
violés-cens：菫色になる
vì-rens：緑色の
virés-cens：緑色になる
virgá-tus：細長くしなやかな枝をもつ
virginá-lis, virgín-eus：処女の、清らかな
virginiá-nus, virgín-icus, virginién-sis：ヴァージニアの
viridés-cens：緑色になる
viridicariná-tus：緑色の背稜（竜骨）をもつ
viridiflô-rus：緑色の花をもつ
viridifô-lius：緑色の葉をもつ
viridifús-cus：緑褐色の
vír-idis：緑色の
viridís-simus：鮮緑色の
viríd-ulus：緑っぽい
viscíd-ulus：やや粘質の
vís-cidus：粘る、くっつく
viscosís-simus：非常に粘質の
viscô-sus：粘質の
vitá-ceus：ブドウ属（*Vitis*）のような
vitellì-nus：卵黄色の
viticulô-sus：走出枝を生じる
vitifô-lius：ブドウに似た葉をもつ
vittá-tus：縞模様をもつ

vittíg-era：縞模様をもつ
vivíp-arus：無性芽を生じる、母体上で発芽する
volgár-icus：ヴォルガ川の
volú-bilis：ねじれる
volú-tus：巻いた葉をもつ
vomitō-rius：催吐性の
vulcán-icus：火と鍛冶の神の、火山の
vulgā-ris, vulgā-tus：普通の
vulpī-nus：キツネの

wolgàr-icus：ヴォルガ川地域の（volgaricus を参照）

xanthacán-thus：黄色の刺をもつ
xánth-inus：黄色の
xanthocár-pus：黄色の果実をもつ
xantholeù-cus：黄白色の
xanthoneù-rus：黄色い脈をもつ
xanthophýl-lus：黄色い葉をもつ
xanthorrhì-zus：黄色い根をもつ
xanthóx-ylon：黄色い材をもつ
xylonacán-thus：木質の刺をもつ

zebrì-nus：シマウマのような縞模様をもつ
zeylán-icus：セイロン島（スリランカ）の
zibethì-nus：ジャコウネコのような、悪臭のある
zizanioì-des：マコモ属（*Zizania*）のような
zonà-lis, zonà-tus：帯状模様をもつ

あとがき

　著者ベイリーは、これまで一般に紹介されていないが、植物学、あるいは農学・園芸学の分野では著名である。本書にも折にふれて引き合いに出されている『標準園芸事典』(The Standard Cyclopedia of Horticulture、1914-17年)、『栽培植物便覧』(Manual of Cultivated Plants、1924年初版—その後改訂されて1977年には第16刷が出ている)、あるいは娘エセル (Ethel Zoe Bailey) との共著『園芸植物事典』(Hortus、1930年—改訂版 Hortus second、1941年) などは、日本の農学・園芸学関係者に馴染みのある書であった。特に『標準園芸事典』は、戦前の日本の関係者に多大の影響を与えたと思われる。たとえば、石井勇義編著『園芸大辞典』(全6巻、1949年、誠文堂新光社)は、牧野富太郎、菊池秋雄、浅見與七、並河功の監修のもとに、武田久吉、小泉源一、北村四郎、前川文夫、原寛などの植物分類学者の協力を得て編纂された、日本ではじめての体系的園芸植物事典であるが、監修者の序や石井の自序にも、ベイリーの『標準園芸事典』は範たる著書として繰り返し言及されている。さらに遡ると、1908年(明治41年)には、彼の名著のひとつといわれる『Plant-Breeding』の改訂4版(1907年—初版は1895年)が、『栽培植物改良論』(三宅市郎・辛島台作共訳、成美堂)として翻訳されているが、その当時の農学振興にかける思いが訳者序文に見て取れる。その後のベイリーの著書は、1972年(昭和47年)に『自然学習の思想』(The Nature-Study Idea〔原書 1909 年刊〕、世界教育学選集、宇佐美寛訳、明治図書出版)が翻訳出版されている。

　Liberty Hyde Bailey は、1858年3月15日、アメリカ合衆国のミシガン湖の東南岸に位置するサウス・ヘイヴン (South Haven) で、開拓農民の三男として生まれた。南北戦争勃発の3年前のことである。Liberty (自由) という名は、奴隷制度廃止論者であった祖父がベイリーの父に名づけ、それを受け継いだものである。母親のサラ (Sarah) は、ベイリーが5歳のときに、当時は治療法が確立されていなかったジフテリアに罹って亡くなった。ベイリーの自然への並々ならぬ関心はすでに少年時代からあり、ナデシコ類に対する好み

あとがき

もこのころからだという。小学校に通うようになると、ますますナチュラル・ヒストリーに対する興味が高まっていった。ダーウィンの『種の起源』を読んだのもこのころである。周知のように「進化論」はその当時の宗教観とは相容れないものであった。貸本屋から借りてきたその本は、まず父親に読書の許可が求められた。父親はいわゆる「保守主義者」であったが、自らの目でみて自ら判断することを旨とする人でもあった。二、三日して、父親は「この本に何が書いてあるのかほとんどわからないが、ダーウィンという男は正直な考えの持ち主であり、本当のことを述べていると思う。おまえが読んでもかまわないだろう」（P. Dorf : Liberty Hyde Bailey-An Informal Biography、1956）と言った。少年は夢中になって読み、理解できないことも多かったけれど、著者の圧倒的な植物知識や、実証的な態度に多大の感銘を受けたようである。

ベイリーには、自らの人生設計に関する有名な話がある。彼は人生を三つの段階に分けて考えていた。一生を75年とするならば、最初の25年は訓練の時代、次の25年は社会に自分を役立てる時代、最後の25年は自分の好きなことをする時代である、と。もっとも、最後の段階にはおまけの21年というボーナスがついていたことは、嬉しい誤算だったであろう。

両親（父親は最初の妻の死後、後添えをとっていた）をはじめとする周りの勧めもあって、1877年、ミシガン農業大学（MAC）に入学し、途中耳の病気で休学したものの、1882年に卒業した。卒業後、一時、地方新聞の通信員として働いていたが、世界的な植物学者エイサ・グレイの助手として働く機会を得、貴重な経験を積むことができた。次いで、母校（MAC）の新設講座（園芸学と造園学）の教授となった（1885年）。この間、1883年には、大学入学時に知り合ったアネット（Annette）と結婚し、その後2女（Sara May と Ethel Zoe）を設けている。

ミシガン農業大学に惜しまれつつコーネル大学（ニューヨーク州イサカ所在）の新設園芸学部の教授となったのは1888年のことだった。そして、ほぼ予定通り、第二の25年を終えた1913年に大学を退き、「hortorium」（ベイリーの造語で、栽培植物を中心とする植物標本館）の構築、あるいは執筆・編集・講演活動に専念することになった。その「hortorium」は膨大な標本点数を収蔵するようになり、収集された多くの関連図書とともに、1935年にコーネル大学に寄贈され、The Liberty Hyde Bailey Hortorium と呼ばれるようになった。

ベイリーは、論文は別としても、生涯に約50冊もの本を書いた。その多くは農学・園芸学の専門書であるが、『The State and the Farmer』（1908年）の

ような一般書もある。自らも開拓農家の出身者として、農民の生活改善に多大の関心をもっていたようである。時の大統領セオドア・ルーズベルトの意を受けた「Country Life Commission」、すなわち農村の発展を目的として設置された委員会の議長を引き受けたこともあった。

　冒頭に言及した事典類を見てもわかるように、ベイリーのおそらく最大の関心事の一つは栽培植物（園芸植物）の体系的な知識の構築であったと思われる。本書もそのような観点から生まれたものであることは間違いないであろう。物事を体系的に認識する手段として、命名行為の結果としての名前が重要であることは言うまでもないが、植物や動物の場合、それは学名であり、厳密に言えばその理解なくして動植物に関するすべての議論は成り立たないのである。ただし、学名というものがもっている意味を把握するには、多少なりとその背景となる歴史や特殊な事情（同定の問題、命名規約など）を知る必要がある。それが本書に述べられた事柄である。ベイリーの特に興味をもって研究した植物はスゲ類（*Carex*）やキイチゴ類（*Rubus*）、さらにヤシ類（*Palmae*）だというが、本書の随所に見られる例示からもそのことを窺うことができ興味深い。また、ベイリーの生きた19世紀後半から20世紀前半の時代は、そうした学名の命名法が国際的に整備されていったときでもあった。いわば著者は本書のテーマにかかわる同時代的な目撃者なのであり、命名規約成立の様相を知る意味でも興味深いものがある。まさに本書は、命名行為の意味を問い、学名を理解するための平易ですぐれた入門書であるといっても過言ではない。しかも、「誤りが発見されて、同定の結果それが正されたときに、園芸家は、名前が変更されたことに対して文句を言うべきではない。その植物は、正しくその実体が究められたのである。だから、不平を言うどころか、感謝すべきなのだ。知識の集積とは、誤りの排除のプロセスである」（第3章）とあるのをはじめ、折にふれて披瀝されるベイリーの含みのある意見や考え方も、いまなお傾聴に値し、新鮮さを失っていない。

　本書の原著が刊行されたのは1933年（マクミラン社＝ベイリーの著書の専門出版社）のことで、いまから60年以上も前であるが、本書で展開された内容は基本的に変わっていないことを明らかにしておきたい。たとえば本訳書の底本として使用したドーヴァー社（Dover Publications, Inc.）版は1963年の発行であるが、内容は初版そのままのようだ。ただし、国際植物命名規約に関する内容について、現行の命名規約から見て異同がある場合にはできるかぎり訳注

あとがき

のかたちで注意を喚起しておいた。しかし、いずれも本書の主題を根底から揺るがす性質の異同ではない。ちなみに、命名規約についてさらに知識を得たい方は、現行の『国際植物命名規約1994』（英文のみ—International Code of Botanical Nomenclature 1994、Koeltz Scientific Books、Germany）を参照されたい。これは1993年の8‐9月に横浜で開かれた国際植物学会議を承けて改訂された最新の規約で、俗に『東京規約』（Tokyo Code）といわれている。前版の『ベルリン規約』（国際植物命名規約1988）は日本語訳（大橋広好訳、1992年、津村研究所）で読めるが、命名規約は常に改訂された最新版が効力を有する（旧版は無効）という前提があることに加え、最新版の『東京規約』では全体の構成上の大幅な改編がなされていることもあって注意が必要である。また、栽培植物に関する命名規約として『国際栽培植物命名規約』（英文のみ—International code of nomenclature for cultivated plants—訳者の手元にあるのは1980年版）がある。

　ベイリーは実に精力的な学者であった。世界各地に赴いて膨大な植物標本を集めた。90歳の誕生日を迎えたその日にも植物調査のために西インド諸島のジャングルにいたという。植物学者であり園芸学者であるとともに、有能な実務家でもあり、さらに教育者あるいは詩人としての顔ももつ多彩な人物であった。したがって、彼の人となりや業績の紹介・評価には別の機会が必要であろう。多くのメダルや賞、あるいは名誉学位を受けているが、ロンドンの王立園芸協会の「ヴィーチ記念金メダル」（1927年）の受賞理由は「園芸にかかわる科学的な業績をあげた」ということであった。現在、ベイリー父子による当初の『Hortus』は、The Liberty Hyde Bailey Hortorium のスタッフによって『Hortus third』（マクミラン社、1976年）として生まれ変わり、2万種を超える栽培植物を記述した体系的参考書として世界的に利用されている。

　1954年12月25日、クリスマスの日にベイリーは96歳でこの世を去った。二日後のニューヨーク・タイムズ紙に「Obituary」（死亡記事）が出た。植物をこよなく愛した生涯だった。かつて、ミシガン農業大学の教授職を受けるに際し、植物学本来の道を歩むとばかり思っていたエイサ・グレイは、ベイリーの選択を訝った。その当時、農学や園芸学は科学として認められていない空気があったからである。ベイリーは「おっしゃる通りですが、グレイ博士、園芸家も植物学者であるべきだと思います」（P. Dorf：前掲書）と述べたという。

本訳書は、前述のように1963年のドーヴァー社版（21.5×13.5cm）を底本としたものである。原著は目次などを除いて181頁からなるが、119頁以降は「属名一覧」（2500余の属名を収録）、「種の形容語一覧」（約3000の語彙を収録。種の形容語は種小名と呼ばれることもある）などの附表である。いずれの表も学名の語彙に音節やアクセントを示してあるために、ほかの同様の一覧表にない特色をもっている。また、ときに日本の植物図鑑に掲げられている同様の一覧表や『植物学ラテン語辞典』（豊国秀夫編、1987年、至文堂）などに取り上げられていない属名や語彙も多いので、単に収録数の多寡では計れない価値もある。したがって、既存の資料を補完する意味も大きい。また、訳出にあたり、[　]内に記したのは訳注である。読者の参考に供するために原著にはない図版を追加掲載したが、その場合は図版の説明文の末尾に「＊」印をつけて区別してある。17頁に理由が述べられているように、著者があえて掲載しなかったベスラーの図を極めて縮小した形で掲げたのは（7頁参照）、読者の参考のためであり他意はない。巻末の索引は本訳書のために加えたもので原著にはない。

　1996年7月

編集部

植物名索引

[和名の後に、学名を含めた欧名を続けた]

アザレア類　40
アター・ローズ　121
アブチロン属　75
アブラナ属　119
アボカド　78
アマリリス　126, 127, 130, 132, 137
アマリリス属　127
アモムム　12
アルファルファ　115
イエギク　117, 118
イチゴ　105
イチョウ　137
イトザクラ　54
イヌハッカ　34
イヌハッカ属　35
イネ　115
インゲンマメ　117
ウィンター・クレス　94
ウェスタン・サンド・チェリー　40
エンドウ　115
エンバク　115, 117
オオバイボタ　11
オランダカイウ　78
オレンジ　118

カエデ　35
カエデ属　75

カーネーション　35
カラスムギ類　42
カラント類　91
カリトリス属　77
カンナ　116
キイチゴ属　119, 120
キイチゴ類　118, 119
キク　105　→イエギク
キクイモ　10
キササゲ属　93
キャッサバナナ　49
キャベジ・ローズ　121
キャベツ　115
球根ベゴニア　116
ギョリュウモドキ　137
キンミズヒキ属　119
グズベリー類　91
グラジオラス　116
クラブ・アップル　106
クラミー・ウィード　49
グリーク・ジュニパー　50
クリムゾン・ランブラー　121
グレープフルーツ　78
グロキシニア属　122, 125
コウシンバラ　121
コケモモ　94
ココヤシ　115, 117, 137
コショウソウ属　78

コショウボク　11
コットンウッド　85, 86
コムギ　115, 116
コメバコケミズ　67
コールラビ　90

ザイフリボク属　119
サツマイモ　114, 117
サンザシ属　71, 119
ジニンギア属　124, 125
シマカンギク　118
ジャガイモ　39, 105, 112-114
ジャパニーズ・アイヴィー　95
シュッコンカスミソウ　49
シロヤマブキ属　141
スイカ　35, 94
スイートピー　105
スウィート・ポテト　114
スグリ属　91
スゲ　65
スパイダー・フラワー　49
スミレ属　191
スモモ　54
セイヨウグルミ　11
セイヨウトチノキ　78
セイヨウトネリコ　40
セイヨウバラ　121
セイヨウフウチョウソウ　49
ゼラニウム　126
セルピルムソウ　66, 67
ソケイ　11

ダグラス・モミ　98
タバコ　78
ダマスク・ローズ　121
タマネギ　105, 115
ダリア　105
チャイナ・ローズ　121
チャイニーズ・ウォーター・プランツ　105
チャイニーズ・エヴァグリーン　105
ツタ　96
ティー・ローズ　121
トウガラシ　13-16, 22, 23
トウガン　49
トウモロコシ　115, 117

トウワタ属　142
トマト　39, 44

ナイトシェード　39
ナガイモ　114
ナシ　105, 106, 115, 116
ナス属　13, 39, 44
ナツメヤシ　115, 117
ナデシコ類　104
ナニワイバラ　11
ナンヨウスギ属　75
ニワウメ　52, 54, 56
ニワザクラ　52, 54, 56
ネクタリン　81, 84
ノイバラ　121
ノワゼット・ローズ　121

パイナップル　78, 95
ハイブリッド・ティー　121
バージニアツタ　98, 99
バナナ　115, 117
バラ　120
バラ属　119, 120
バルサム・ポプラ　85
バンクシア・ローズ　121
ビグウィード　10
ヒッペアストルム属　128
ヒナゲシ　35
ヒマワリ　42
ヒマワリ属　42
ヒメナデシコ　104
フウロソウ属　41, 42
ブドウ　91, 115
フサンゴ　10, 13, 16, 17, 33, 38, 40, 87, 88
ブライダル・ローズ　122
ブラジルナッツ　78
ブラックベリー　118, 119
プラム　118
ブリューアン・ローズ　121
ブルボン・ローズ　121
プルモナリア　10
フレンチ・ローズ　121
フロクス　35
フロミス　10
ヘザー　137

植物名索引

ペパー 13, 14
ベビーズ・ブレス 49
ベラドンナ・リリー 128, 130
ベラルゴニウム属 126
ヘリオトロープ 88
ペルシアグルミ 11
ベンガル・ローズ 121
ペンザンス・ブライアーローズ 121
ボストン・アイヴィー 95, 96
ボタンイバラ 121
ポプラ 85
ポリアンタ・ローズ 121
ホンアマリリス 137 →アマリリス

マツ属 75
マツリカ 11
マルメロ 106
ムルティフローラ・ローズ 121
メロン 116
モッコウバラ 121
モモ 81, 82, 105
モロコシ 10

ヤグルマハッカ 98
ユウガオ 94
ユリノキ 85

ライムギ 115, 117
ラズベリー 119
リジェリア属 124, 125
リンゴ 94, 105, 106
レタス 115

Abutilon 75
Acacia macracantha 140
Acer 75
Aconitum Anthora 145
　　noveboracense 142
Aesculus 138
Æthionema cordifolium 141
African marigold 11
Aglaonema modestum 105, 106
　　simplex 105

Agrimonia 119
alligator pear 78
almond 77
Amaryllis 127
　　Belladonna 127, 128, 130, 132, 137
　　equestris 132
　　punicea 131
Amelanchier 119
Amomum Plinii 12
Ampelopsis 96
　　tricuspidata 96
　　Veitchii 95, 96
Amygdalus 54, 82
　　Persica 82, 84
Ananas 95
　　comosus 95
　　sativus 95
Anaphalis 107
Antennaria 107
　　margaritacea 107
　　plantaginifolia 107
Arabian jasmine 11
Araucaria 77
Ardisia 92
Arenaria serpyllifolia 67
Asclepias 142
　　Cornuti 142
　　syriaca 142
asparagus fern 78
Asplenium platyneuron 141
Aster macrophylla 140
　　novae-angliae 144
　　novi-belgii 144
Atropa Belladonna 132
Avena 42
Azalea 88
　　arborescens 40

baby's breath 49
Begonia maculata 73
　　tuberhybrida 116
Benincasa cerifera 49
Bethlehem sage 11
Betula lenta 139
　　lutea 139
　　papyrifera 139

populifera 139
pumila 139
Bignonia Catalpa 93
bluets 67
Brassica 119
   caulorapa 90
   oleracea var. *caulo-rapa* 90
Bromelia comosa 95
Buddleja 139

California pepper-tree 11
California privet 11
calla lily 78
Callitris 77
Calluna vulgaris 137
Canna generalis 116
   orchiodes 116, 143
Capnoides 92
Capsicum 13, 14, 16, 22
   annuum 22, 23
   frutescens 22, 23
Carex multicaulis 65
Carya 92
cassabanana 49
Castanea 78
castaneas 78
Catalpa 93
   bignonioides 93
   speciosa 93
Cattleya gigas 103
   labiata 103
   Luddemanniana 103
   Warscewiczii 103
Ceanothus Veitchianus 116
Celastrus 138
Cerasus 40
   Besseyi 40
Chamaedorea 93
Cherokee rose 11
Chelone 96
Chenopodium Bonus-Henricus 145
cherry shrub 12
Chrysanthemum hortorum 117, 118
   indicum 117, 118
   morifolium 118
   nipponicum 143

   sinense 118
cinnamon-vine 114
Citrus sinensis 118, 143
Cleome gigantea 49
Cocos nucifera 137
Colocasia antiquorum 144
Convolvulus Batatas 114
cowslip 75
Crassina 92
Crataegus 119
Cucurbita Citrullus 35
   Melo 116
Cupressus lusitanica 142
Cydonia 88

Desmodium 92
Dianthus 104
   Caryophyllus 35
   deltoides 104
   macranthus 140
Dicentra 92
Dioscorea Batatas 114
dogwood 75
Duranta repens 140

English walnut 11
Epiphyllum phyllanthoides 143
Erodium 126
Euphorbia 139

Fraxinus excelsior 40
   var. *asplenifolia* 40
French mulberry 11

Galium aristatum 50
   Mollugo 50
Geranium 126
Ginkgo biloba 137
Gladiolus hortulanus 116
Gloxinia maculata 122, 125
   speciosa 122, 124, 125
Good King Henry 145
grapefruit 78

植物名索引

Greek juniper 50
Grimaldia Baileyorum 144
Gypsophila paniculata 50

Hedera quinquefolia 99
Helianthus 42
Heliotropium arborescens 88
　　peruvianum 88
herb-patient 145
Hicoria 92
Himalaya-berry 11
Hippeastrum equeste 128, 130, 132
　　puniceum 128, 130, 131, 132
　　　Reginae 130
hollyhock 77
horse-chesnut 78
Houstonia serpyllifolia 67
huckleberry 75
Hypericum 139

Icacorea 92
Ilex 138
Indian tobacco 78
Ipomoea 114
　　Batatas 114
Iris germanica 56

Jerusalem artichoke 10
Jerusalem cherry 10, 13, 16, 87, 88
Jerusalem corn 10
Jerusalem cowslip 10
Jerusalem oak 10
Jerusalem sage 10
Jerusalem thorn 10
Juniperus 143
　　chinensis 143
　　　var. *pyramidalis* 50
　　excelsa var. *stricta* 50

Kennedia 139

Laurus Sassafras 94

　　variifolia 95
Lechea novae-caesarea 144
Lepargyrea 92
Ligeria 124
　　speciosa 125
Ligustrum japonicum 143
Lilium rubrum 128
Lobelia inflata 78
Lonicera Alberti 90
　　spinosa 90
　　　var. *Alberti* 90
Lycium 139
Lycopersicon 44
　　esculentum 44
Lycopersicum esculentum 44

Malus 88, 106
　　coronaria 106
maple 75
Meibomia 92
Monarda fistulosa 98
mother-of-thyme 66
Muscadinia 91
　　rotundifolia 92

nasturtium 77
Nepeta 35
　　cataria 35
Nicotiana 78
　　Tabacum 145
Nunnezharia 93

Papas Peruanorum 114
Parthenocissus quinquefolia 98, 99
　　tricuspidata 96
Pelargonium 126
Penstemon 96
Pentastemon 97
Pentstemon 96, 97
pepper-grass 78
Persica 82, 145
　　vulgaris 82, 84
Peruvian squill 11
Phaseolus vulgaris 117

Philadelphus microphyllus 140
Pilea serpyllifolia 67
pine 75
pineapple 78
Pinus 75
    jeffreyi 145
Polanisia trachysperma 49
Populus balsamifera 85, 86
    deltoides 86, 143
    monilifera 85, 86
    tacamahacca 86
Portugal cypress 11, 142
potato 77
Prunus 82, 102
    Besseyi 40
    domestica 118
    glandulosa 52, 54, 56, 97
    Hookeri 56
    japonica 52, 54
    nana 56
    Persica 81, 82, 145
        var. *nucipersica* 81
    salicina 54
    sinensis 56
    subhirtella var. *pendula* 54
    texana 56
Pseudocapsicum 16, 39
pumpkin 77
Pyrus 88, 106
    coronaria 106
    halliana 145
    Lecontei 116
    Malus 116

Rhododendron 39, 40, 77, 88
    arborescens 40
    catawbiense 39
Rhodotypos 141
Rhodotypus 141
Rosa 119
    alba 121
    Banksiae 121, 144
    Barbierana 121
    borboniana 121
    Bruantii 121
    cathayensis 121, 143
    centifolia 121
    chinensis 121
    damascena 121
    dilecta 121
    gallica 121
    Hugonis 144
    laevigata 143
    multiflora 121
    Noisettiana 121
    odorata 121
    Penzanceana 121
    polyantha 121
    sinica 143
Rubus abactus 65
    canadensis 146
    pergratus var. *novae-terrae* 144
Rumex Patientia 145

sage-brush 75
Salix cordifolia 141
Salvia greggii 145
Sassafras 93, 94
    officinale 95
    variifolium 95
Shepherdia 92
Sicana odorifera 49
Sinningia 124
    Helleri 124
    speciosa 125
Smilacina 92
Solanum 13, 17, 19, 44
    ahanhuiri 115
    Capsicastrum 22, 87, 88
    goniocalyx 115
    Juzepczukii 115
    lignosum 16
    Lycopersicum 44
    Melongena 44
    phureja 115
    PseudoCapsicum 13, 17, 21, 22, 39, 87, 88, 145
    rubrum 16
    Rybinii 115
    stenotomum 115
    tenuifilamentum 115
    tuberosum 112, 115

soft maple 75
Solidago ohionis 144
Spanish cedar 11
Spanish jasmine 11
spotted begonia 73
Stewartia 139
Stillingia 139
Syringa persica 84, 145

tacamahac 85
Thymus 67
   pulegioides 68
   Serpyllum 66, 67, 145
Triticum aestivum 115, 116
   vulgare 115

Vagnera 92
Vernonia noveboracensis 142
Viola 119
Virginian stock 11
Vitis 91
   rotundifolia 92

winter cherry 12, 13, 16

yam 77

Zinnia 92

事項索引

『Arbustrum Americanum』 86
double citation 99
『Hortus Kewensis』 85
Kittatinny 119
Lawson 119
Lucretia 119
nomen incertum 58
nomen dubium 58
『Paradisus』 132
Snyder 119
systematic botany 47
systematics 47
systematist 47, 48
taxonomy 47
Taylor 119
『Thesaurus』 128

『アイシュテット庭園』(Hortus Eystettensis) 14, 17
アダンソン (M. Adanson) 32
『アメリカ園芸事典』(Cyclopedia of American horticulture) 52
アメリカ植物命名規約 (American Code of Botanical Nomenclature) 80, 81, 92, 93, 97, 99, 100
アンドルーズ、ヘンリー (Henry C. Andrews) 126

アンドレ (É. F. André) 103
『イギリス園芸植物名彙』(Hortus Britannicus) 149
異物同名 →同名
異名 72, 96
『インデクス・キューエンシス』(Index Kewensis) 21
ヴァヴィロフ (N. I. Vavilov) 115
ヴァントナ (É. P. Ventenat) 139
ウィルソン (E. H. Wilson) 52
ヴィルデノウ (K. L. Willdenow) 93, 98
ウィーン規約 80
ウェアリング (W. G. Waring) 44
ウォーダー、ジョン (John A. Warder) 93
ウォルター、トマス (Thomas Walter) 93
『ウプサラの栽培植物誌』(Hortus Upsaliensis) 19
ウルバン (I. Urban) 132
『英語植物名事典』(English Plant-Names) 75
エイトン (W. Aiton) 85, 132
英名 11, 73
液浸標本 60
『園芸家事典』(The Gardeners Dictionary) 79, 82, 86
『園芸植物事典』(Hortus) 34, 105
園芸品種 100
園芸品種の登録 69

『オクスフォード植物誌』(Plantarum historiae universalis Oxoniensis) 113
押し葉標本 63

科 32
カエサルピヌス (Caesalpinus) 21 →チェサルピーノ
『学術論文集』(Amoenitates Academicae) 36
学名 77, 78, 96
学名出版の先取権 79, 82, 92, 93
学名の原綴りの尊重 96
学名の性 137, 138
学名の発音 147-150
学名の変更 78, 79, 82, 88, 93, 109
カルム (P. Kalm) 28, 146
『カロライナ植物誌』(Flora Caroliniana) 93
『カロライナ、フロリダ、バハマ諸島の自然誌』(The natural history of Carolina, Florida and the Bahama Islands) 85
乾燥標本 60, 64
基準標本 58, 64, 84
『北アメリカ分類植物誌』(Synoptical flora) 149
クヌート (R. G. P. Knuth) 126
クリフォード、ジョージ (George Clifford) 19
『クリフォルト庭園』(Hortus Cliffortianus) 19, 20, 87, 130
クルシウス、カロルス (Carolus Clusius) 36, 38, 133, 142
クールター (J. M. Coulter) 119
グレイ、エイサ (Asa Gray) 54, 56, 149
グロクシン、ベンヤミン・ペーター (Benjamin Peter Gloxin) 122
グロノウィウス (J. F. Gronovius) 34
ケイツビー、マーク (Mark Catesby) 85
ケーヌ、エミル (Emil Koehne) 52
ケネディ、ルイス (Lewis Kennedy) 139
『ケープ半島植物ガイド』(Guide to the Flora of Cape Peninsula) 127
国際植物学会議 80, 81, 100
国際植物命名規約 (International Rules for Botanical Nomenclature) 80, 92-94, 97, 99, 100
コモンネーム 11
誤用名 79
コルニュ (M. M. Cornu) 142
コルヌトゥス (Cornutus) →コルニュ
コロンブス (Columbus) 14
混乱名 71

栽培種 (cultigen) 98, 116, 118
栽培植物 69
『栽培植物便覧』(Manual of Cultivated Plants) 150
栽培品種 100
サージェント (C. S. Sargent) 86
雑種 100
『自然の体系』(Systema naturae) 36, 88
ジニンク、ヴィルヘルム (Wilhelm Sinning) 124
シーボルト (P. F. von Siebold) 141
ジャクソン、ベンジャミン・デイドン (Benjamin Daydon Jackson) 38
種 33, 34
種の形容語 65, 81, 139
ジュシュー (Jussieu) 32
シュナイダー、カミロ (Camillo Schneider) 56
シュルツ (J. A. Schultes) 95
植物園 59
『植物学原論』(Institutiones Rei Herbariae) 14, 28
『植物研究の先駆者たち』(Pioneers of Plant Study) 32
『植物誌』(Historia plantarum universalis) 17
『植物集覧』(Pinax theatri botanici …) 20
『植物集覧予報』(Prodromus theatri botanici …) 112
『植物属誌』(Genera plantarum) 125
『植物について』(De plantis) 21
『植物の種』(Species plantarum) 17, 21, 22, 32, 36, 79, 82, 88, 98, 114, 127
『植物の属』(Genera plantarum) 32, 33, 79
植物標本 60, 66
植物標本館 (herbarium) 59, 62, 65, 68

235

『植物名事典』(Dictionary of Plant Names) 75
『シリア、パレスティナ、シナイ半島の植物』(Flora of Syria, Palestine, and Sinai) 10
新組み替え名 (new combination) 91, 92
新種の発表 94
新種の命名 100
スウィート、ロバート (Robert Sweet) 126
スコポリ (G. A. Scopoli) 93
『図説園芸事典』(Illustrated Dictionary of Gardening) 127
スチュアート、ジョン (John Stuart) 62, 139
スティリングフリート (B. Stillingfleet) 139
スミス (Smith) 40
正字法の尊重 140
性体系 (sexual system) 30
セバ、アルベルトゥス (Albertus Seba) 128
先取権 →学名出版の先取権
染色体 90, 91
属 30, 32, 33, 34, 91
属名 81, 138, 139
ソリズベリー (R. A. Salisbury) 95

タイプ (type) 58, 64, 84
ダーウィン (C. Darwin) 47
単型属 137
チェザルピーノ、アンドレア (Andrea Cesalpino) 21, 60
ツッカリーニ (J. G. Zuccarini) 141
ツュンベルク (C. P. Thunberg) 28, 52, 56, 97
ディオスコリデス (Dioscorides) 12
ディートリヒ (D. N. Dietrich) 56
テオフラストス (Theophrastus) 12
ドゥ・カンドル (A. P. de Candolle) 90
ドゥケーヌ (J. Decaisne) 114, 124, 125, 142
同定 (identification) 49-72, 85, 105
同定の依頼 62
同物異名 71, 72, 79, 105
同名 (homonym) 97
トゥルヌフォール、ジョゼフ・ピトン・ドゥ (Joseph Pitton de Tournefort) 14, 28, 30, 41, 42, 44, 82
ドドインス、レンベルト (Rembert Dodoens) 16, 17, 20
ドドネウス (Dodonaeus) 16 →ドドインス
トリー (J. Torrey) 40, 54, 97

ニコルソン (G. Nicholson) 127
二名法 36, 41, 79
ネース・フォン・エーゼンベック、クリスチャン・ゴドフロイ (Christian Godefroy Nees von Esenbeck) 124
『野山と庭の植物』(Field, Forest and Garden Botany) 56

廃棄名 (nomen rejiciendum) 92
ハーヴィー (Harvey) 21
パーキンソン、ジョン (John Parkinson) 12
パーシュ (F. T. Pursh) 40
パスクアレ (G. A. Pasquale) 90
バッチ、アウグスト・ヨハン・ゲオルク・カルル (August Johann Georg Karl Batsch) 82
バッララス (Ballalas) 68
バドル、アダム (Adam Buddle) 139
ハーバート、ウィリアム (William Herbert) 128, 130
パボン (J. A. Pavon y Jiménez) 93
パリ規約 80
ハンシュタイン、ヨハネス (Johannes Hanstein) 125
反復名 93, 95
非合法名 (学名の) 97
『標準園芸事典』(The standard cyclopedia of horticulture) 54, 150
『標準植物名』(Standardized Plant Names) 75, 137
標本 59, 60, 62, 67, 135
標本の送り方 62
標本の保存 60
標本のラベル 64, 66
標本を貼る台紙 60
ファン・ウェイク、H. L. ゲルト (H. L.

Gerth Van Wijk) 75
『フウロソウ類考察』(Geranologia) 126
フォス (A. Voss) 116
フォルスカル (P. Forsskål) 28
ブカソフ (S. M. Bukasov) 115
普通名 11, 73-75, 77, 78
フッカー (W. J. Hooker) 54
フッカー (J. D. Hooker) 125
プライアー博士 (R. C. A. Prior) 11
プラクネット (L. Plukenet) 131, 132
プランション (J.É. Planchon) 98
ブリトゥン (J. Britten) 75
プリニウス (Pliny the Elder) 12
分類 28
分類学 47, 133
分類学者 108
『分類植物誌』(Stirpium historiae Pemptades sex …) 16, 20
ベスラー、バシル (Basil Besler) 14, 15, 17, 22, 114
ベッシー、チャールズ (Charles E. Bessey) 40
ヘラー (M. Heller) 124
ヘルマン (P. Hermann) 130, 132
ベンサム (G. Bentham) 125
変種 33
ボーアン、カスパル (Caspar [Kaspar] Bauhin) 20, 112
ボーアン、ヨハン (Johann Bauhin) 17, 35
ホークス、エリソン (Ellison Hawks) 32
『北部アメリカ合衆国植物便覧』(Manual of the Botany of the Northern United States) 149
ポスト (G. E. Post) 10
『ボタニカル・キャビネット』(Botanical Cabinet) 122
『ボタニカル・マガジン』(Botanical Magazine) 117, 127, 128, 130
ポワレ (J. L. M. Poiret) 114
ホランド (J. Holland) 75
保留名 (nomen conservandum、複数形は nomina conservanda) 92
本草家 (herbalist) 41, 117, 132

マーター、ピーター (Peter Martyr) 14

マーシャル、ハンフリー (Humphrey Marshall) 86
マルティウス (K. F. P. von Martius) 125
ミショー (A. Michaux) 39 [本文補注 - ミショーの命名になる *Rhododendron catawbiense* は死後 (1802年没) に出版された著書『北アメリカ植物誌』に記載されている]
ミラー、フィリップ (Philip Miller) 44, 79, 82, 86, 127
命名、植物の 71
命名、新種の 72
命名規約 80, 100
命名者名 98, 99
命名法 28, 58, 73, 100, 109, 136
　園芸植物 (栽培植物) の命名法 100
　園芸品種の命名法 101, 102
　雑種の命名法 101
メリアン、マリア・シビラ (Maria Sibilla Merian) 128, 131, 132
モリソン、ロバート (Robert Morison) 113

ユゼプチュク (S. V. Juzepczuk) 115

ラウドン (J. C. Loudon) 149
ラテン語 24, 94, 136
裸名 (nomen nudum) 94-96
リジェ、ルイ (Louis Liger) 124
リンデン (J. J. Linden) 103
リンネ、カルル・フォン (Carl von Linné) 26 →リンネウス
リンネウス、カルル (Carl Linnaeus) 14, 17, 19, 20, 22, 25-48, 67, 69, 71, 82, 85, 94, 98, 112-115, 117, 126-128, 130, 132, 139, 142
リンネウス・スモーランデル、カロルス (Carolus Linnaeus Smolander) 26 →リンネウス
リンネウスの標本 69, 70
リンネ学会 69
ルイス (H. Ruiz Lopez) 93
レイ (J. Ray) 28
『レイデン植物誌』(Florae Leydensis) 19
レヴィンズ (M. R. Levyns) 127

『レヴュ・オルティコル』(Revue Horticole) 124
レクリューズ、シャルル・ドゥ (Charles de l'Ecluse) 36 →クルシウス
レーゲル (E. A. von Regel) 90
レーダー (A. Rehder) 90, 116
レーフリンク (P. Loefling) 28

レリティエ・ドゥ・ブリュティユ、シャルル・ルイ (Charles Louis L'Héritier de Brutelle) 122, 126
ローイィェン (Adrian van Royen) 19, 34
ローズ (J. N. Rose) 119
ロディギズ (Loddiges) 124, 125

原　題：How Plants Get Their Names
著　者：Liberty Hyde Bailey

◎本書は、小社刊行『植物の名前のつけかた ―植物学名入門』の書名を改めた新装版である。

植物学名入門 ―植物の名前のつけかた〈新装版〉

2017年 7月25日　初版第1刷発行

訳　　者	八坂書房編集部
発 行 者	八　坂　立　人
印刷・製本	中央精版印刷(株)
発 行 所	(株)八　坂　書　房

〒101-0064　東京都千代田区猿楽町1-4-11
TEL.03-3293-7975　FAX.03-3293-7977
URL.: http://www.yasakashobo.co.jp

ISBN 978-4-89694-237-8　　落丁・乱丁はお取り替えいたします。
　　　　　　　　　　　　　　無断複製・転載を禁ず。

©1996, 2000, 2017　YASAKA SHOBO, INC.

関連書籍のご案内

図説 植物用語事典

清水建美著／梅林正芳画／亘理俊次写真
　　　A5　並製　336頁　3000円

植物を観察し、見分けるときに必要となる植物用語約1300を取り上げて、具体的な例を挙げながら、その意味や分類上の重要性などをやさしく解説する。豊富な写真と図版を取り入れて初心者にもわかりやすく構成した、植物観察の必携本。

植物の名前の話

前川文夫著
　　　四六　上製　184頁　2000円

日本植物学の重鎮であった著者が、植物学はもとより言語学・民俗学など幅広い視野から、謎ときにも似た筆致で綴った植物名の語源考。植物の名前を通して、日本人の生活史の側面を探る。

植物和名の語源

深津　正著
　　　四六　上製　344頁　2800円

多くの資料を駆使し、綿密な考察を重ねて植物名の語源に関する独自の論考を展開し、140余種の植物和名を考える。また、特に〈紙の原料植物の語源〉〈アイヌ語に基づく植物和名と植物方言〉などにも言及する。

植物和名の語源探究

深津　正著
　　　四六　上製　320頁　2800円

長年にわたる植物名語源に関する研究と独自の論考をまとめた究極の植物和名論考。従来の語源の俗説や牧野富太郎、中村浩氏などの著名な語源研究者の誤りを指摘し、自説をたてて反論する。

日本植物方言集成

編集部編
　　　A5　上製　960頁　16000円

主要な野生植物を中心に作物・野菜・園芸植物など約2000種を取り上げ、古今の文献に見られる方言40000語を採集。標準和名の五十音順に配列し、地名を併記して収録。検索に便利な方言名による逆引き索引を付す。

伊藤篤太郎【改訂増補版】
──初めて植物に学名を与えた日本人

岩津都希雄著
　　　四六　上製　352（カラー32）頁　2500円

本草学の大家伊藤圭介を祖父にもち、若くして科学史に名を残す偉業を達成。エリート人生は学名をめぐる「事件」で狂いだしたかに見えた……。知られざる植物学者の一生を余すところなく記した本格評伝。続々と出現した重要な新資料、写真を増補。

(価格税別)